U0576070

青少年应该知道的
生物百科知识

★ ★ ★ ★ ★

刘珊珊◎编著

在未知领域　我们努力探索
在已知领域　我们重新发现

延边大学出版社

图书在版编目（CIP）数据

青少年应该知道的生物百科知识 / 刘珊珊编著 .
—延吉：延边大学出版社，2012.4（2021.1 重印）
ISBN 978-7-5634-3053-6

Ⅰ.①青… Ⅱ.①刘… Ⅲ.①生物学—青年读物
②生物学—少年读物 Ⅳ.① Q-49

中国版本图书馆 CIP 数据核字 (2012) 第 051744 号

青少年应该知道的生物百科知识

编　　　著：刘珊珊
责 任 编 辑：林景浩
封 面 设 计：映象视觉
出 版 发 行：延边大学出版社
社　　　址：吉林省延吉市公园路 977 号　　邮编：133002
网　　　址：http://www.ydcbs.com　　E-mail：ydcbs@ydcbs.com
电　　　话：0433-2732435　　传真：0433-2732434
发行部电话：0433-2732442　　传真：0433-2733056
印　　　刷：唐山新苑印务有限公司
开　　　本：16K　690×960 毫米
印　　　张：10 印张
字　　　数：120 千字
版　　　次：2012 年 4 月第 1 版
印　　　次：2021 年 1 月第 3 次印刷
书　　　号：ISBN 978-7-5634-3053-6

定　　　价：29.80 元

　　你知道距今约 39 亿年的地球上是什么样子吗？你知道最初的生命来自哪里吗？你知道最初的生物来自哪里吗？地球上的生物从出现到现在一直在不断地变化，有的已经灭绝了，像恐龙。人类真的见过恐龙吗？科学家是根据什么来证明地球上有原始生物呢？

　　生物简单地说就是有生命的个体，也是一个物体的集合。生命泛指有机物和水构成的一个或多个细胞组成的、一类具有稳定的物质和能量代谢现象（能够稳定地从外界获取物质和能量并将体内产生的废物和多余的热量排放到外界）、能回应刺激、能进行自我复制（繁殖）的半开放物质系统。

　　生命来自哪里？关于这个问题有几种假说，《圣经》上说上帝在六天之内创造了世界万物，有男人、女人、动物、植物、陆地、海洋的世界，到第七天的时候，上帝把世界创造好了，然后休息了，所以第七天也就成了休息日。从此之后，万物不变，所以上帝最初创造了多少种生物，地球上就有多少种生物，生物之间也没有任何的关系。但生命真的是上帝创造出来的吗？"化学进化"的观点证明：在原始地球条件下，无机物能生成多种有机物，这些有机物在原始海洋中经过长期的、复杂的演变，终于出现了原始生命。科学家也曾经说，原始生命起源于原始海洋，因为在原始海洋中汇集了大量的有机物、各种矿物质，它为有机物的汇集提供了可能，所以，可以说原始海洋是生命的摇篮，没有原始海洋就没有生命的出现。

生物进化的历程是一个复杂又漫长的过程，在漫长的进化过程中，既有新的生物种类产生，也有一些生物种类绝灭。

1859 年 C. R. 达尔文发表《物种起源》一书，论证了地球上现存的生物都由共同祖先发展而来，它们之间有亲缘关系，并提出自然选择学说以说明进化的原因，从而创立了科学的进化理论，揭示了生物发展的历史规律。

生物体内的化合物可以分为有机化合物和无机化合物，有机化合物包括：糖类、脂类、蛋白质、核酸和维生素；无机化合物包括：无机盐和水。

无论是植物发育还是动物、人类发育都需要经过细胞分化，细胞分化就是在个体发育的过程当中，细胞的形态、结构和功能发生变化的过程。

植物体由六大器官组成，分别是根、茎、叶、花、果实和种子六种。每种器官都是由几种不同的组织构成。每一种组织都是由形态相似、结构和功能相同的细胞联合在一起形成。在植物物体的六大器官中，根、茎、叶三个器官属于营养器官，花、果实和种子属于生殖器官。植物体中没有系统，直接由六大器官构成植物体。动物和人类的结构层次一样。从外形看，可以分为头、颈、躯干和四肢 4 个部分。

在生物体中根据生物体内含有细胞的数目，生物可以划分为单细胞生物和多细胞生物。在生物界中，大多数的生物都属于多细胞生物，还有一些用肉眼很难看出来的生物，且它们身体内只含有一个细胞，这种生物被称为单细胞生物。

动物、植物、人类都是生物界里不可缺少的一员，他们各自在生物界里扮演着不同的角色，都在各自的领域中展示着形形色色的生命。所有生物生活的环境都被称为生态环境，不管是人类还是动植物这个环境都是他们生存的基本条件。但是目前，生态环境日益恶劣，有不少的动植物已经慢慢地濒临灭绝了。所以，让我们携起手来，共同保护环境，使这个大自然更加朝气蓬勃，更加和谐。

目录 CONTENTS

第❶章

生命的起源和发展

什么是生物和生物圈 …………… 2

生命的起源 …………………… 5

生物的进化 …………………… 7

寻求生物进化的轨迹 ………… 11

生物进化的因素 ……………… 16

生物圈 ………………………… 18

第❷章

生物体内的结构及细胞

生物体内的化合物 …………… 22

生物体的结构层次 …………… 27

单细胞生物和多细胞生物 …… 31

生命的基本元素——细胞 …… 35

细胞的结构 …………………… 39

细胞的生活 …………………… 43

细胞的组成物质——无机盐 … 46

第❸章

生物的生殖、遗传、变异和进化

生物的有性生殖和无性生殖 …… 50

生物的遗传、变异和进化 ……… 54

生物的多样性 ……………………… 57

染色体 ……………………………… 60

什么是 DNA ……………………… 63

细胞核 ……………………………… 66

细胞壁 ……………………………… 68

细胞膜 ……………………………… 70

细胞周期 …………………………… 73

第❹章

生物——植物

生物圈中的绿色植物 ……………… 76

种子的萌发 ………………………… 78

植物的生长 ………………………… 81

植物的果实 ………………………… 84

被子植物 …………………………… 86

裸子植物 …………………………… 89

灌木植物 …………………………… 94

乔木——银杏 ……………………… 97

常绿乔木 …………………………… 100

落叶乔木 …………………………… 103

第❺章

生物——动物

水中生活的动物 ································· 108

陆地上生活的动物 ······················· 112

空中飞行的动物 ····························· 115

动物的运动行为 ····························· 117

水中动物——中华鲟 ····················· 120

陆上动物——斑马 ························· 123

鸵鸟 ·· 126

动物的语言 ···································· 129

动物的社会行为 ····························· 131

第❻章

微生物

微生物的分类 ································· 134

微生物——细菌 ····························· 137

显微藻类 ·· 140

海藻 ·· 142

石耳 ·· 145

地衣菜 ··· 148

微生物肥料 ···································· 150

生命的起源和发展

第一章

SHENGMINGDEQIYUANHEFAZHAN

　　什么是生命？生命有自我更新和自我复制的多分子体系，核酸和蛋白质是生命的主要组成部分；生命是物质的，它是物质存在和运动的一种特殊形式。生命泛指有机物和水构成的一个或多个细胞组成的一类具有稳定的物质和能量代谢的现象（能够稳定地从外界获取物质和能量并将体内产生的废物和多余的热量排放到外界），它是能回应刺激、能进行自我复制（繁殖）的半开放物质系统。

什么是生物和生物圈

Shen Me Shi Sheng Wu He Sheng Wu Quan

◎生物的简介

　　生物不仅是有生命的个体，还是一个物体的集合。生物就是能够在自然条件的作用下，通过化学反应生成的具有生存能力和繁殖能力的有生命的物体以及由它（或它们）通过繁殖产生的生命的后代。我们都知道，生物和非生物的物质和能量构成了自然界。生物就是有生命特征的有机体，非生物就是无生命的物质和能量，生物与非生物之间最不同的地方就是是否存在新陈代谢。

※ 植物

◎生物的基本特征

　　第一，它们具有共同的物质基础和结构基础。

　　物质基础：它们在物质（主要为蛋白质与核酸）及元素（种类相同）组成上很相同。

　　结构基础：生物是由病毒之外的细胞组成的，因为病毒都是在活细胞存在的情况下而进行生命的运动。

　　第二，生物都具有新陈代谢的特征。

※ 鹰

2

什么是新陈代谢呢？顾名思义，新陈代谢就是指生物体内能够同外界不断地进行物质和能量的转换，最后在体内再不断地进行物质和能量转化的过程。新陈代谢也是生命现象的最基本特征。新陈代谢还可以说成是生命体在不断地进行自我更新的过程，如若说这种生物不能进行新陈代谢了，也就等于说这个生物将不复存在了。病毒也是有生命的，所以它也是生物，不同的是，它不能脱离活细胞而进行不断地繁殖。

第三，生物能对外界的刺激作出反应。

生物体在外界刺激时都能发生一系列的反应。比如：茎的向光性、根的向重力性等。

第四，生物体都有生长、发育和生殖的现象。

生物体都具有生长、发育和生殖的功能，当然了病毒也具有，因为它也属于生物。

第五，生物体都有遗传和变异的特性。

遗传是物种稳定的基础，而变异是生物产生进化的原材料。

第六，生物体都能适应一定的环境，也能影响环境。

生物为适应环境而作了改变的有枯叶蝶伪装成枯叶的样子，以躲避天敌；草履虫的趋利避害；长期生活在地下的鼹鼠视力退化；还有舌头又细又长的食蚁兽等。

最为有力的就是改变环境，如人类对大自然的开发、利用；将动物、植物尸体分解后又把另外一些物质还给大自然界中的分解者。

◎生物圈的简介

生物圈不仅是地球上最大的生态系统，同时还是最大的生命系统；是地球上的动物、植物和微生物等一切生物组成的总体，又是生物可以自然生存的主体。生物圈主要由以下三部分组成，分别是生命物质、生物生成性物质和生物惰性物质。

※ 生物

按其在物质和能量流动中的作用，生物圈中的生物可分为生产者和消费者，生产者主要是绿色植物，它能通过光合作用将无机物合成为有机物。消费者就是指动物和人类。

生物圈是自然灾害的主宰者，它使多种环境生态灾害发生在人们身边。生物圈是地球上所有出现并感受到生命活动影响的地区，是地表有机体包括微生物及其自下而上环境的总称，是行星地球特有的圈层。它也是人类诞生和生存的主要场所。生物圈主要包括大气圈的底部、水圈大部、岩石圈表面。

◎生物圈存在的条件

第一，它必须靠来自太阳的充足光能才能存在。因一切生命活动都需要能量，太阳能是其基本来源，绿色植物在吸收太阳能后，会合成有机物而形成一个生物循环。

第二，要有可被生物利用的大量液态水。大部分的生物都含有大量水分，没有水就意味着没有生命存在。

第三，生物圈内必须有适宜生命活动的温度条件，物质会在所需的温度变化范围内出现气态、液态和固态三种物质状态。

第四，必须提供生命物质所需的各种营养元素，包括 O_2、CO_2、N、C、K、Ca、Fe、S（氧气、二氧化碳氮、碳元素、钾元素、钙元素、铁元素和硫元素）等，它们都是生命物质的组成部分。

▶知识窗◀

·什么是物体、生命体和生物体·

自然界是由物体、生物体和生命体三个部分组成的。物体是具有体积的有无机物质存在体。如：空气、阳光、岩石、土壤、水等无机体。生物体是具有有机物质属性的物体。死的生命体或死的生物体，如死细胞、死的生物（生物遗体）、死的精子、死的卵子、蛋白质、核酸、病毒等有机体。生命体是具有活细胞物质属性的生物体。活的生命体或活的生物体，如活细胞、活的生物、活的精子、活的卵子等活有机体（活体细胞、活细胞、细胞的活力、细胞生命力、生物活体、活组织、活有机体、生命有机体、活生命体、活的生命体、活体生物、活体、存活等生命现象各种类型概念）。

▌拓展思考▐

1. 生物的生命现象有哪些？
2. "离离原上草，一岁一枯荣"这句诗说明了哪种生物的特征？

生命的起源

Sheng Ming De Qi Yuan

※ 生命的起源

对生命起源的思考同对宇宙起源的思考一样，是构成人类理性思维中最富有挑战性，也是最具吸引力的问题之一。

早在 46 亿年前，地球就存在于宇宙中了。那么，地球上最初有没有生命呢？关于生命的起源有几种假说，但是真正的解释还没有确切的说法。所以这个问题值得我们进行更深地探索。

1. 神造论

有人认为，生命是神创造出来的，这种观点在西方很长一段时间一直是人们最为关注的。其典型的看法在基督教的神义之中就能找到。《圣经》上说，上帝在六天之内创造了世界万物，有男人、女人、动物、植物、陆地、海洋的世界，到第七天的时候，神把世界创造好了，然后休息了，所以第七天也就成了休息日。从此以后，万物不变，所以上帝最初创造了多少种生物，地球上就存在多少种生物，而且生物之间也没有任何的关系。

2. 自然发生论

与神创论对应的另一种理论是人类对生命起源的早期认识。有一个故事就能说明。17 世纪，荷兰人 J. van. Helmont 完成了著名的柳树实验，他在光合作用的研究中作出过贡献。他还完成了另一个有名的实验，他发现了一个培育老鼠的秘方：将谷粒、破旧衬衫塞入敞口瓶中，静置于暗处，每天浇以人汗，21 天就能长出老鼠。这个实验完成之后，他就更加证明了谷物、旧衬衫、汗水这些物质能够产生生命。其实很早就有与他相同的观点，古代中国人相信"腐草化为萤"（出自《礼记》），这种观点认为，萤火虫是从腐草堆中产生的。埃及人相信尼罗河谷的蛙和蟾是淤泥经日光照射后产生的。这种观点称为"自然发生论"。那么这种说法是正确的吗？有许多的科学家也提出了相反的观点。

3. 化学进化论

假如说生物不能由非生物直接转变形成，那么，地球上的生命又该怎样产生呢？经过人类不断的探索研究，大部分的科学家认识到生命是由无机物通过化学进化过程逐步演变而来的，但不是在今天的地球条件下，而是在地球形成的初期，那时的地球具备形成最简单生命的条件。这种看法有一定的证据支持，已为很多科学家所认可。这种观点称为"化学进化"。"化学进化"主要说的是：在原始地球条件下，无机物就能生成多种有机物，这些有机物在原始海洋中经过长期的、复杂的演变，原始生命最终出现了。

4. 宇宙生命论

有人认为，地球上最早的生命或构成生命的有机物来自于其他宇宙星球，即"地上生命，天外飞来"。迄今，提出的宇宙生命论也仅说明了生命从两个星球之间的转移，这也不能得出生命的真正起源。

但是在达尔文提出生物进化论后，人们逐渐相信了人类是由猿进化来的。但对于人类究竟发源于何处，国际学术界说法不一，每种说法又都有自己的论据，我们不能作出明确的判断，相信随着科学技术的不断进步，将来，这一问题会迎刃而解的。

地球上最初的原始生命是在原始地球条件下，由非生命物质，在极其漫长的时间里，经过十分复杂的化学进化过程，一步一步地演化而来的。

科学家也曾经说过，原始生命起源于原始海洋，因为在原始海洋中存有大量的有机物和各种矿物质，它们为有机物的汇集提供了可能。所以，可以这样说，生命的摇篮就是原始海洋，即没有原始海洋也就没有生命。

知 识 窗

·柳树实验·

柳树实验就是把约91千克的土壤烘干称重，然后在土里种下约2.27千克重的柳树种子，收集雨水灌溉；五年后柳树长成约77.2千克重，土壤再烘干称重，只少了0.057千克。这证明树木的重量增加来自雨水而非土壤。

拓展思考

1. 原始地球为原始生命的产生提供的物质基础是什么？
2. 原始地球为原始生命的产生提供的场所是什么？

生物的进化

Sheng Wu De Jin Hua

生物进化就是一切生命形态发生、发展的演变过程，1859年，C. R. 达尔文发表了《物种起源》一书，他证明了地球上现存的生物都是由共同祖先发展而来的，它们之间有亲缘关系，并提出自然选择学说用来说明生物进化的原因，从此建立了科学的进化理论体系，并揭示了生物发生、发展的历史规律。

我们都知道，生物进化的历程是一个非常漫长的过程。早在很久之前就在进行着，我们是不可能亲眼目睹的。那么，能够证明生物是按这样的规律发展进化的证据有哪些呢？又是什么因素促使生物逐渐进化的呢？

※ 生物的进化

大约在 400 万年前，地球上是不存在人类的，人类的原始祖先——森林古猿，当时还在莽莽森林中风餐露宿，与兽生活在一起。那么在几亿年甚至几十亿年前，地球上的生物又是怎么样的呢？最原始的生命又是怎样出现的呢？

生命的起源和进化问题，在很久以前就引领着人们去追求和探索，也不断有各种各样的争论。随着科技的发展，人们对这个问题的探求也越来越深入。

※ 达尔文

◎生物的进化趋势

就只能说明生物进化是从水生到陆生、从简单到复杂、从低等到高等的过程，要想用生物界的历史发展来证明。从中可以看出一种进步性的发展趋势。

一般说来，生物进化过程的进步性具有如下特征：

1. 从生物界的前进运动中，可以看到不同层次的形态结构的逐步复杂化和完善化；与此相应，生理功能越来越专门化，效能也渐渐地增高。

2. 从总体上看，遗传信息量随着生物的进化而逐步增加。

3. 内环境调控的不断完善及对环境分析能力和反应方式的发展，增强了机体对外界环境的自主性，扩大了活动范围。

◎生物进化的主要证据——化石

化石是生物进化的主要证据，化石是保存在地层中的古代生物的遗体、遗物和生活轨迹的有力证据。化石的成因是由于生物的遗体、遗物和生活轨迹在某种情况下被埋藏在地层中，经过很长时间的复杂变化而形成的。因此，化石是生物进化的最主要证据。

※ 化石

◎化石的种类

根据化石的形成过程，可将化石分成两类：一类是由古代生物的遗体直接形成的。这些化石大多是由古代动植物体的坚硬部分形成的，如动物的骨骼、牙齿、贝壳，植物的茎、花粉粒等；有的则是完整的古代生物体，如原西伯利亚的冻土层中发现的距今2.5万年的猛犸象。另一类化石则是由古代生物的生活遗迹形成的，如恐龙的遗迹、河南发现的恐龙蛋、植物叶的印痕化石等。

在人们的生活中，只有满足人类需要的品种才能生存下来，那么，在自然界中，哪些物种才能得以生存，并被保存下来呢？

在自然界中，这种"物竞天择，适者生存"的情况，就叫做自然选择。

自然界是如何选择和进行的呢？达尔文说，在自然界中，生物都是有一定过度繁殖的倾向的，但是生物赖以生存的食物和空间都是非常有限的。任何生物要想生存下去，就要为获得足够的食物和空间而进行斗争，即生存竞争，这种生存竞争存在着多方面的情况。例如：在同一片森林里的树木必须争夺阳光和水分，如果一棵树非常矮小，它就有可能因接受不到阳光而被"饿死"；还有食性相同的动物常常要互相争夺食物，身体强壮的个体能够得到足够的食物，而弱小的个体则会因为得不到足够的食物而死亡；食肉动物和食草动物之间的捕食与反捕食斗争，当然了，这就是说强壮、敏捷的食草动物能够避开食肉动物的攻击而生存下去，并繁衍后代，相反的，弱小、攻击力弱的食肉动物则会由于没有食物而死亡。

生物要想在生存竞争中取胜，有哪些因素呢？那就是与生物个体的变异特性密切相关。自然界的生物在繁衍过程中，不断地产生变异。那些拥有有利变异的特性的个体就容易获得食物、水、阳光和空气，自然而然，这些生物个体就能抵抗自然灾害和逃避敌害，它们就容易生存下去，并可以通过遗传将这些变异传给后代。同时，具有不利变异的个体，则在与自然环境以及与其他生物的生存竞争中被淘汰。自然选择是通过生存竞争来实现的。最后新的生物就在自然选择而后进行生物的进化的有利条件下出现了。

因此，生物的进化是由生物个体的变异和遗传与环境的变化所决定的。今天这样绚丽多彩，欣欣向荣的生物界就是在很长时间的自然选择中形成的。

·鱼化石·

　　鱼化石是化石的一种，就是鱼死后沉入水底，被沉积的泥沙覆盖。由于水底空气被隔绝，又有泥沙覆盖，鱼的尸体不会腐烂。经过亿万年的变动，又长期与空气隔绝，还受到高温高压的作用，尸体上覆盖的泥沙越来越厚，压力也越来越大。又过了很多很多年，鱼尸体上面和下面的泥沙变成了坚硬的沉积岩，夹在这些沉积岩中的鱼的尸体，也变成了像石头一样的东西。

拓展思考

1. 生物化石在地层中按照一定的顺序出现的事实证明了什么？
2. 生物化石之所以能够证明生物的进化，其根本原因是什么？

青少年应该知道的生物百科知识

寻求生物进化的轨迹

Xun Qiu Sheng Wu Jin Hua De Gui Ji

生物进化是一个不仅复杂而且漫长的变化过程，科学家通过对不同年代化石的纵向比较，以及对现在生物种类的横向比较等方法，推断出了生物进化的大致历程。那么从地球上最初的生命形式到现在形形色色的生物，究竟经历了哪些进化环节呢？在漫长的进化过程中，有新的生物种类产生，同时也有一些生物种类绝灭。

※ 猴子

在上一节中已经介绍了，生物进化的最好证明就是化石。生物进化的总趋势是怎样的呢？由简单到复杂，由低等到高等，由水生到陆生的进化就是其趋势。

生物在进化的过程主要有太古代、元古代、古生代、中生代、新生代5个时期。

◎太古代时期

地球演化的重要时期就是太古代时期，地球约形成于50亿到46亿年前。当时大地上火山遍地，岩浆横流，环境非常恶劣。但由于地球距离太阳较金星远一些，且自转周期合理，这为生命的形成奠定了基础。随着时间的推移，地球表面的不断冷却和水汽的增加，大地上的水也就越来越多了。

大约在39亿年前，地球上出现了原始海洋。几乎完全是淡水的原始海水中溶入了大量的有机质，如氨基酸、核苷酸等，它们大概一开始是归地球所有的，但也有一部分来自彗星。在太阳及地球其他物质的作用下，一些有机质出现了肽键并进而形成蛋白质。经过几亿年的发展变化，这些蛋白质越来越复杂，最后从 34 亿年前开始，生命就陆续出现了。

地球是生活在其上的一切时代的生物的主导，它们在人类及人类智慧的形成和发展上作出了巨大的牺牲和贡献。生物作为地球上最高级的物种，我们有权利和义务爱护好我们的地球，从某种意义上说，这就要求人类爱护我们周围的一切生命。

※ 原始的地球

◎元古代时期

宇宙最古老的时期就是太古代和元古代，这是原始生命出现及生物演化的初级阶段，当时只有数量不多的原核生物，但它们仅留下了极少的化石记录。元古代的中晚期藻类植物已十分繁盛，它与太古代有着非常不同的特点。每个时代又有好几个纪，而震旦纪是元古代最后期一个独特的地史阶段。震旦纪生物界最突出的特征是后期出现了种类较多的无硬壳动物，后期又出

※ 藻类

现少量小型具有壳体的动物。高级藻类进一步繁盛，微体古植物出现了一些新类型，叠层石在震旦纪早期趋于繁盛，后期数量和种类都突然下降。震旦纪时地表上已经出现几个大型的、相对稳定的大陆板块，之上已经是典型的盖层沉积，与古生界相似，这就说明震旦纪也是元古代和古生代的一个过渡时期。

◎古生代

到古生代时代，藻类和无脊椎动物越来越多。在古生代里，寒武纪是第一个纪，距今约有 5.4 亿年，一直延续了 4 000 万年。寒武纪也是生物界发展变化最明显的一次，当时出现了丰富多样且比较高级的海生无脊椎动物，大量的化石也就出现了，这为研究当时生物界的状况，并能够利用

生物地层学的方法来划分和对比地层，进而研究有机界和无机界比较完整的发展历史奠定了基础。例如，比较著名的有早寒武世云南的澄江动物群、加拿大中寒武世的布尔吉斯页岩生物群。寒武纪的生物界主要有海生无脊椎动物和海生藻类这两种。无脊椎动物的许多高级门类如节肢动物、棘皮动物、软体动物、腕足动物、笔石动物等都有了代表。其中以节肢动物门中的三叶虫纲最为重要，其次为腕足动物。此外，还有古杯类、古介形类、软舌螺类、牙形刺、鹦鹉螺类等也占有相当重要的位置。抛开牙形石不说，但说

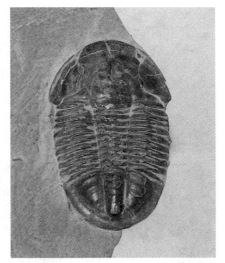

※ 三叶虫

高等的脊索动物还有许多其他代表，如我国云南澄江动物群中的华夏鳗、云南鱼、海口鱼等，加拿大布尔吉斯页岩中的皮开虫，美国上寒武统的鸭鳞鱼。奥陶纪是古生代的第二个纪，这个纪最大的变化就是地球上板块的变化，海水广布，在那个时期海生无脊椎动物空前发展，其中以笔石、三叶虫、鹦鹉螺类和腕足类最为重要，腔肠动物中的珊瑚、层孔虫，棘皮动物中的海林檎、海百合，节肢动物中的介形虫，苔藓动物等也开始大量出现。志留纪是它的第三个纪，志留纪的晚期，地壳运动强烈，古大西洋闭合，有一些板块间发生碰撞，导致一些地槽褶皱升起，古地理面貌发生了巨大的变化，大陆面积显著扩大，生物界也发生了巨大的演变，这一切都标志着地壳历史发展到了转折时期，同时，珊瑚纲也进一步繁盛；棘皮动物中海林檎类大减，海百合类在志留纪大量出现。紧接着是泥盆纪，陆生植物、鱼形动物的发展到了前所未有的地步，随着两栖动物的出现，无脊椎动物的种类也与以前有了很大的改变。

◎中生代

裸子植物和爬行动物的世界就是中生代！三叠纪是中生代的第一个纪。菊石、双壳类、有孔虫成为划分与对比地层的重要门类，而筳及四射珊瑚则完全绝灭。爬行动物在三叠纪崛起，主要由槽齿类、恐龙类、似哺乳的爬行类组成。裸子植物的苏铁、本内苏铁、尼尔桑、银杏及松柏类在

青少年应该知道的生物百科知识

※ 恐龙

三叠纪渐渐发展起来并且发展很迅速。其中除本内苏铁目始于三叠纪外，其他各类植物均在晚古生代就开始有了发展，但并不占重要地位。侏罗纪是中生代的第二纪，侏罗纪在生物发展史上发生了一系列的重要事件，引人注意。如恐龙成为陆地的统治者，翼龙类和鸟类开始出现，哺乳动物开始发展等。陆生的裸子植物进入极盛期。无脊椎动物的双壳类、腹足类、叶肢介、介形虫及昆虫迅速发展。侏罗纪时爬行动物迅速发展。恐龙的进化类型——鸟臀类的四个主要类型中有两个繁盛于侏罗纪，飞行的爬行动物第一次滑翔于天空之中。鸟类的首次出现，标志着生命史发生了划时代的变化。白垩纪是中生代的最后一个纪，它存在于 1.35 亿到 6500 万年前，其间经历了 7000 万年。无机界和有机界在白垩纪都进行了很大的变革。剧烈的地壳运动和海陆变迁，引起了白垩纪生物界的巨变，中生代有很多盛行和占优势的门类（如裸子植物、爬行动物、菊石和箭石等），只是后来相继衰落和绝灭，新兴的被子植物、鸟类、哺乳动物及腹足类、双壳类等在这一时期都有所发展，同时也标志着新的生物演化阶段——新生代的到来。

◎新生代

自 7000 万年以来的新生代，被子植物在这一时期大有发展。哺乳动物之所以能在新生代里大发展，是因为这时有大量发展起来的被子植物作为雄厚的物质基础。胎盘哺乳动物是最早的食虫类。它们大都是些以昆虫为食的小动物，可以说，它们是现代刺猬的祖先。它们通过与不同的自然环境进行斗争先后几次"趋异"进化，最后发展

※ 被子植物

成 20 多个不同的类群，从此，有胎盘哺乳动物进入了一个大繁荣和大发展时期。

▶ 知 识 窗

·始祖鸟·

始祖鸟是最原始的鸟类，始祖鸟也叫古翼鸟。始祖鸟生活于约 1 亿 5 千 5 百万到 1 亿 5 千万年前晚侏罗纪，化石分布在德国南部。它的德文名字意指"原鸟"或"首先的鸟"。始祖鸟曾经被认为是鸟类的祖先，并生活于侏罗纪的启莫里阶。迄今为止，始祖鸟仍是最原始、最古老的古鸟类，也是鸟类与恐龙相互连接之锁链中极为关键的一环。现知的始祖鸟标本全部发现于德国巴伐利亚州的索伦霍芬周边的上侏罗统索伦霍芬石灰岩层中。

|拓展思考|

1. 说出鱼类、两栖类、爬行类、哺乳类的进化顺序？
2. 说说始祖鸟与恐龙的关系？

15

生物进化的因素

Sheng Wu Jin Hua De Yin Su

生物进化有哪些因素呢？这个问题值得我们去研究。总体来说可分为遗传变异和自然选择两种。一切生物的基本属性就是遗传，它能使生物界保持相对稳定，同时也可使人类识别包括自己在内的生物界。

什么叫做变异呢？变异就是亲子代之间，同胞兄弟姊妹之间，以及同种个体之间存在的区别现象。有一句俗话叫做"一母生九子，九子各异"。这句话也就是告诉人们，世界上没有两个绝对相同的个体，包括孪生同胞在内，还有我们经常所说的世界上没有两片完全相同的树叶，这些都是遗传稳定性的说明。

在现代遗传学上有一种这样的说法，那就是由于遗传物质的变化（如基因突变等）所造成的变异，通常是遗传的，就把这种变异叫做遗传变异。因为遗传基因重组和突变，都会产生新的生物，这样生物就具有了多样性的特性。所以，生物进化中的一个积极的、内在的因素就是生物变异遗传。从现象来看是亲子代之

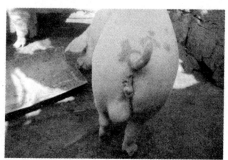

※ 遗传变异

间的相似的现象，即俗语所说的"种瓜得瓜，种豆得豆"。遗传变异的实质是生物按照亲代的发育途径和方式，从环境中获取物质，产生和亲代相似的复本。生物的遗传与变异是同一事物的两个方面，遗传可以发生变异，发生的变异可以遗传，就像一个正常健康的父亲，可以生育出智力与体质方面有遗传缺陷的子女，并把遗传缺陷（变异）传递给他的下一代。

另外一个因素就是自然选择，那么什么是自然选择呢？自然选择就是在自然界中，适合于环境条件（包括食物、生存空间、风土气候等）的生物被保留下来，不适合的被淘汰。

自然选择就是对有利的进行保护，对有害的进行打压的一种过程。它是通过生存斗争而实现的，也是一个缓慢、长期的历史过程。自然选择是

青少年应该知道的生物百科知识

一个很复杂的现象，自然选择大致上可分为以下几种：稳定性选择、单向性选择和分裂性选择。自然选择说实质上就是定向改变群体的基因频率（gene frequency），换言之，就是改变一个群体里某一个等位基因的数量。引起基因频率改变的因素有：突变、遗传演变、基因迁移、选择。遗传和变异的物质基础，生物的遗传和变异是否有物质

※ 适者生存

基础的问题，这个问题一直在遗传学领域内相互讨论着，并且持续了数十年之久。在现代生物学领域中，大部分科学家都认为生物的遗传物质在细胞水平上是染色体，在分子水平上是基因，它们的化学构成是脱氧核糖核酸，在那些没有 DNA 的原核生物中，如烟草花叶病毒等，核糖核酸（RNA）便是遗传物质。

由此可以知道，生物进化不是一蹴而就的，它也是在一定的基础上慢慢进行的。在这个过程中，遗传变异和自然选择都充当了重要的角色，缺一不可，因此，认识和了解生物的进化首先就要知道遗传变异的一些知识。

▶知识窗

·老鹰的生存情况·

鹰繁殖时至少是双胞胎，多的可达 3～4 胞胎。母鹰产卵后，耐心地把它们孵化成小鹰，细心地照顾它们。但过不了多久，母鹰便减少小鹰的食物，驱使它们互相争食，直至其中的强者吃掉弱者。小鹰因饥饿难耐，把兄弟姐妹撕得血淋淋的，然后囫囵吞入腹中。母鹰和父鹰并不为丧子而伤心，反而在一旁鼓励强者。母鹰和父鹰这样做的目的有两个：其一，优胜劣汰，因为只有强者才可以在恶劣的环境中生存下去；其二，让小鹰从小就明白"弱肉强食"的生存法则，若不心狠残忍，便无生存机会，而为了生存，可以不顾一切。

┃拓展思考┃

1. 说说生物进化的趋势是怎样的？
2. 老鹰在什么情况下才能生存？

生物圈
Sheng Wu Quan

生物圈是指地球上一切能出现并感受到生命活动影响的地区，它包括大气圈的下层、岩石圈的上层、整个水圈和土壤圈的全部。生物圈是地表有机体包括微生物和其从上到下的环境的总称，它是行星地球一种专属的圈层。同时，生物圈还和人类有着密不可分的关系，因为它也是人类诞生和生存的空间。生物圈是地球上最大的生态系统。生物圈中有两种流，一种是能流，另外一种就是物流，并且能流与物流是相辅相成的。在这些生物圈中的物种，人在生物圈中起着举足轻重的作用，人类在生物圈中支配着这个生物圈中的生物，人类能很大程度地改变生物圈，这是为了让生物圈更好地满足人类的需要，因为人类具有能动意识。而当然了，人类毕竟也只是生物圈中的一个成员，因此，必须依赖于生物圈提供一切生活资料。同时，最重要的一点就是提醒人类，人类在对生物圈进行支配时，应遵循一定的自然规律，违背了自然规律，就会是生物圈发生混乱，那样就会破坏生物圈本应有的生态平衡，生物圈失去了生态平衡，那么后果将不堪重负。

生物圈具有复杂性、全球性的性质，同时它是一个开放的系统，是一个生命物质与非生命物质的自我调节系统。那么它是怎样形成的呢？它是生物界与水圈、大气圈及岩石圈（土圈）在长期内相互作用而产生的。

生物圈有三大主要组成部分，分别是生命物质、生物生成性物质和生物惰性物质。其中的生命物质又被称为活质，它是生物有机体的总和；生物生成性物质是在生命物质所组成的有机矿物质相互作用下所形成的一种物质，像煤、石油、泥炭和土壤腐殖质等；而生物惰性物质就是指大气低层的气体、沉积岩、粘土矿物和水。

生物圈具体是指哪一部分呢？它具体来说是在海平面以上约万米至海平面以下万米在内的部分，尽管如此，大部分生物却都集中在地表以上100米到水下100米的大气圈、水圈、岩石圈、土壤圈等圈层的交界处，生物圈的核心就在这里。各种各样的生命在这个生物圈里持续繁衍着，它们为了获得足够的能量和营养物质以支持生命活动，必须进行斗争。因此，在这些生物之间，存在着一种吃与被吃的残酷的现实，这种现实是生物圈中的特有现象。而所谓的"大鱼吃小鱼，小鱼吃虾米"，这句俗语就说明了这样一种简单的关系。但是，这只是一种简单的关系，这个生物圈中的庞大的生物圈的生命活动要怎样才能维持平衡，进行正常的生命繁衍呢？单靠这么简单的关系肯定是行不通的。令人感到奇怪的是，生物圈终有它自己的办法来使整个生物圈保持平衡。

生物圈还有一种特点，就是它具有稳态的特点，那么，形成这种稳态的原因是怎样的呢？原因是多方面的。太阳能是生物圈维持正常运转的动力，因为太阳能是源源不断的，生物圈存在的最基础的条件是生物圈中的生产者通过光合作用将太阳能转化为化学能。生物圈存在的物质基础就是生物圈上的自给自足。生物圈的稳态的基础就是生物圈中的各个层次，各个方面都表现一定的稳态。生物圈中的各种生物，按其在物质和能量流动中的作用，可分为生产者和消费者。通常所说的生产者主要是指绿色植物，因为绿色植物能通过光合作用将无机物合成为有机物。生物圈中的消费者主要指动物，当然人也在消费者的行列。有的动物主要以食植物为生，我们把这种动物叫做一级消费者，这样的动物有羚羊；还有的动物却以植食动物为生，把这种动物叫做二级消费者；还有的专门捕食小型肉食动物，这种动物被称做三级消费者。那么人该怎样归类呢？人只能说是杂食动物。分解者，主要指那些能将有机物分解为无机物的微生物。这三类生物与其所生活的无机环境一起，构成了一个生态系统，这个生态系统是这样的：首先，生产者从无机环境中摄取能量，合成有机物；然后，生产者被一级消费者吞食以后，将自身的能量传递给一级消费者；在这个过程中，被捕食的一级消费者，再将能量传递给二级、三级。最后，当有机生命死亡以后，分解者又会出马了，这时，分解者再将它们再分解为无机物，这或许可以说成取之于环境，用之于环境吧，把从环境那里所取得的又还给了环境。到此，一个生态系统完整的物质和能量流动的过程就形成了一个循环。这也就说明了，只有具备生态系统内生物与环境、各种生物之间长期的相互作用这些条件，并且生物的种类、数量及其生产能力都达到相对稳定的状态时，这时系统的能量输入与输出才会达到平衡；反过来说，只有能量保持平衡时，生物的生命活动也才能具有相对稳定的性质，这两种关系是相互联系，相互作用的，缺了任何一个都不能维持生物圈内的平衡。

我们在养花时，经常给花浇水、施肥、松土放在阳光下，在天冷时必须搬到室内，并且一盆里只能种一株花，这说明了生物要想生存所必需的条件。

浇水、施肥、松土放在阳光下，天冷搬进屋，一盆里只能种一株花，这分别说明了所需要对应的水分、营养物质、空气、阳光、适宜的温度、一定的空间。

| 拓展思考 |

1. 生物圈存在的条件有哪些？
2. 生物圈中的各层关系是怎样的？

青少年应该知道的生物百科知识

生物体内的结构及细胞

SHENGWUTINEIDEJIEGOUJIXIBAO

第二章

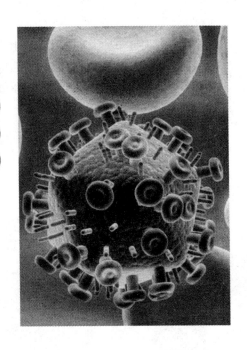

　　生物就是一切具有生命的物体，它的范围很广，如细菌、动物、植物等。每个生物体都由什么组成？生物体内的化合物都有哪些？它们的功能是什么？生物与化学又是怎样的关系？细胞是生物体的基本结构单位，体内所有生理功能和生化反应都是在细胞功能的基础上进行的。那细胞的结构是什么？是如何组成的？在这里我们都一一解答。

生物体内的化合物

Sheng Wu Ti Nei De Hua He Wu

化合物是一种纯净物，它是由两种或两种以上的元素组成的。生物体内的化合物有很多种，粗略地可以划分为有机物和无机物。其中无机物通常指我们所说的有无机盐和水，而有机物主要有糖类、脂类、蛋白质、核酸和维生素。

◎无机物化合物

一、无机盐

人体中的各个元素，除了碳、氢、氧和氮主要有以机化合物形式出现外，其余的各种元素不管它的含量是多少，我们都把它们叫做无机盐。

※ 蔬菜（蔬菜里含有大量的无机盐）

无机盐的生理功能

1. 无机盐是构成机体组织的重要材料。
2. 无机盐能够维持组织细胞的渗透压。
3. 无机盐能够维持着机体的酸碱平衡。
4. 无机盐能维持神经肌肉兴奋性。
5. 无机盐是维持机体某些具有特殊性生理功能的重要成分之一。

二、水

水是细胞的重要组成部分，它在细胞的含量是最多的一种化合物。科学家曾经研究表明，假设人不进食的条件下，如果有充足的水供应，那么人最多能存活三个月；但是如果在没水的情况下，人只能活 10 天。可见水的重要性，水是地球上的一切生命的源泉。还有更为短暂的是人气温很高又无水的情况下，则只能活 3 天。还有由于同一种的生物在不同的生长发育时期的特点不同，因此同一种生物在不同的生长发育期阶段所需的水量也不同，即新陈代谢越旺盛，所需的含水量就会越高。

※ 水

水以自由水和结合水这两种形式存在，这两种形式也是水的特点。但从字面理解，自由水就是可以自由流动的水。自由水以游离的形式存在，自由水在细胞的比例是比较大的，它占细胞内全部水的95％以上；结合水是与细胞内其他物质相结合，结合水在细胞内部仅仅占了一小部分，结合水约占细胞内全部水的4.5％。

◎有机物化合物

一、糖类

糖类化合物还有一个通俗的名字，就是碳水化合物。它在自然界中的分布极广，糖类化合物就是有机物质，它在动物、植物中的含量很高。糖类化合物也是一切生物体的重要组成部分之一。植物通过光合作用，将空气中的二氧化碳和水等转化成糖类；动物则是从食物中摄取糖类，并从空气中吸入氧气，它能通过呼吸作用来分解糖类，取得维持生命活动的能量。

糖类主要含有三种元素，这三种元素分别是碳、氢和氧。糖类是含多羟基的醛类或酮类以及由它们聚合而成的一种高分子化合物。

糖类化合物分为：

1. 单糖：单糖是不能进行水解，或者说不能水解成更简单的多羟基醛或是酮的碳水化合物。例如，葡萄糖、果糖都是单糖。

2. 低聚糖：低聚糖的特性是在水解后表现出来的，因为它水解后每一个分子能生成2～10个单糖分子的碳水化合物。把这种能生成两分子单糖的叫二糖，如蔗糖和麦芽糖；依次可以推出能生成三分子单糖的是三糖。

3. 多聚糖：多糖和低聚糖的区别就在多字上，所以多糖是水解后每一分子能生成10个以上的单糖分子的碳水化合物。像淀粉、纤维素就是多聚糖。

二、脂类

脂类化合物是不溶于水或者说是溶于低极性的一种有机溶剂，利用这些溶剂可以将它们从

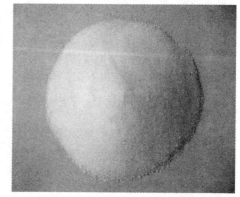

※ 葡萄糖

生物的组织和细胞中抽取出来。

脂类化合物有两种化合物，这两种化合物分别是脂类化合物和似脂类化合物。脂类化合物通常意义上是指典型的脂类，如脂肪、植物油、高级脂肪酸蜡、脂肪酸、醇类以及天然蜡等；似脂类化合物就是那些油溶性染料、甾族化合物以及磷脂等。

※ 肉

三、蛋白质

蛋白质的多肽链中各种氨基酸都有它们的规律，它们都是按一定的次序进行排列的，并且整个蛋白质分子由于特殊的空间排布，集合而成一定的形态。氨基酸按一定的顺序肽键相连形成的多肽链接称为蛋白质的一级结构。多肽链在空间上不是任易排列的，由于某些基因之间的氢键作用使肽链具有一定的构象，这是蛋白质的二级结构；那么蛋白质的三级结构是怎样的呢？蛋白质的三级结构就是整个分子又因链段的相互作用而扭曲、折叠成一定的形态而形成的。

蛋白质具有什么样的性质呢？首先，蛋白质是一种高分子化合物，多数蛋白质可以溶于水或其他极性溶剂，但是有一点，那就是蛋白质是不溶于有机溶剂的。因为蛋白质的水溶液具有胶体溶液的性质，它不能透过半透膜。

四、核酸

核酸也是一种重要的化合物，因为它与一切生命活动及各种代谢有着不可言说的关系。在生物体内，核酸对遗传信息的储存、蛋白质的合成都起着决定性的作用。在生物体内，核酸的存在形式是什么呢？它的主要存在形式是核蛋白，核酸作为一种基础性的物质，它能与蛋白质结合成核蛋白。那么核蛋白的作用有哪些呢？核蛋白是动植物细胞核中的主要成分，除此之外，核

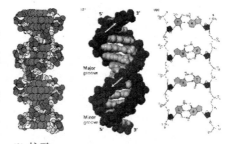

※ 核酸

蛋白在新陈代谢、生长、遗传、变异等生命活动过程中扮演着重要的角色。

知识窗

·蔬菜里的无机盐·

　　蔬菜中含的丰富的钙、磷、铁、钾、钠、镁、铜等多种无机盐，是人类获得无机盐的重要来源。在各种蔬菜中，含无机盐最多的是绿叶菜。含氮的无机盐，促进细胞分裂生长，使枝叶茂盛，氮是制造蛋白质的主要原料。

拓展思考

1. 组成生物体的化学元素在生物体内是以什么形式存在的？
2. 什么是化合物？化合物有哪些分类？

青少年应该知道的生物百科知识

生物体的结构层次

Sheng Wu Ti De Jie Gou Ceng Ci

地球上的生物都是经过一定的过程来进化的，就是说生物中的植物和动物的发育都需要经过细胞分化，什么叫细胞分化呢？细胞分化就是在个体发育的过程当中，细胞的形态、结构和功能发生变化的一个过程。

◎植物体的结构

一、植物体的结构层次

1. 细胞：细胞是植物体结构和功能的基础的一种单位。

2. 组织：组织是由许多形态相似，结构、功能相同的细胞联合在一起形成的细胞群。

3. 器官：器官是由不同的组织按照一定的次序联合起来，形成具有一定功能的结构。

4. 植物体：植物体是一个整体，它包括根、茎、叶、花、果实、种子等六大器官，这些一起构成了完整的植物体。

※ 植物

二、植物体的六大器官

植物体具体由哪些组成部分呢？它主要由六大器官组成，这六大器官分别是根、茎、叶、花、果实和种子。每种器官都是由几种不同的组织构成。每一种组织都是根据形态相似、结构和

※ 叶子

功能相同的细胞联合在一起相互构成的群体。在植物体的六大器官中，又可以分为营养器官和生殖器官，那么哪些是营养器官，哪些又是生殖器官呢？根、茎、叶三个器官就是营养器官，花、果实和种子三个器官属于生殖器官。植物体中没有复杂的系统，它是直接由六大器官构成完整的植物体。

三、植物体内的组织及其功能

构成植物体的组织有四种，它们分别是：分生组织、保护组织、输导组织和营养组织。

1. 分生组织：植物体的分生组织主要在植物体的那一部分呢？它主要分布在根的尖端、茎的顶端和茎中的形成层。分生组织在植物体中起着什么样的作用呢？它主要是分裂产生新细胞，分化形成其他组织。

2. 保护组织：保护组织主要分布在根、茎、叶的表皮。保护组织主要起保护作用，因此它能保护植物体内部柔嫩的部分。

3. 输导组织：主要分布在茎、叶脉、根尖等处的导管、筛管等地方。其主要功能是运输水分和无机盐运输叶制造的有机物。

4. 营养组织：营养组织主要分布在根、茎、叶、花、果实和种子等地方，它的功能是储藏营养物质；其中含有叶绿体的营养组织还能进行光合作用。

◎动物和人体的结构

动物和人类的结构层次有相似的特点。但从外形看，可以分为头、颈、躯干和四肢 4 个部分。

一、人体的组织

组织就是那些形态相似，结构、功能相同的细胞，聚集在一起而形成的细胞群体。器官是由组织组成的，所以器官也就不难理解了，器官也就是不同的组织按照一定的次序联合起来，形成具有一定功能的结构，我们把这种结构叫器官。人体的组织主要有哪些呢？人体的组织可分为神经组织、肌肉组织、结缔组织和上皮组织四大组织。

1. 神经组织：神经组织的就是具有产生传导兴奋的功能的一种组织，例如，脑神经和脊髓神经。

2. 肌肉组织：肌肉组织是具有收缩和舒张肌肉的功能的一种组织，例如心肌和骨骼肌。

3. 结缔组织：结缔组织的功能是支持、保护、营养，例如血液、脂肪、肌腱。

4. 上皮组织：上皮组织就是具有保护和分泌的作用，例如胃和肠表皮。

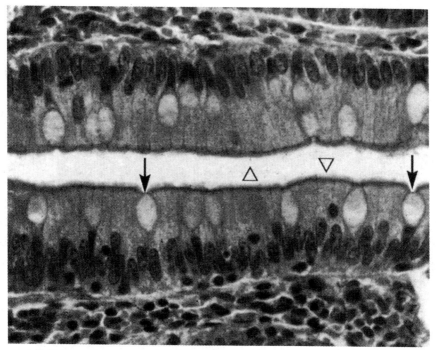

※ 上皮组织

二、器官

器官是组织的载体，因为器官是不同的组织按照一定的次序结合在一起，具有一定的生理功能的结构。

在生活中，有胃病的人会出现胃疼、胃痉卵，甚至胃出血等症状，这印证了胃中含有神经组织、肌肉组织和结缔组织这些组织。

三、系统

系统是能够共同完成一种或几种生理功能多个器官按照一定的次序组合在一起构成的系统。

八大系统

1. 运动系统

2. 消化系统

3. 呼吸系统

4. 循环系统

5. 泌尿系统

6. 神经系统

7. 内分泌系统

8. 生殖系统

▶知 识 窗

·花的呼吸·

　　花儿通过光合作用来吸收养分、水和光照，绿色植物的叶和根能摄取外界的二氧化碳和水，并通过吸收阳光，在绿叶中合成淀粉。在这一过程中，叶片中绿色物质将太阳的能量转换为化学能，储存在淀粉等物质中，同时释放出氧气。这就是绿色植物的光合作用，这个过程的关键参与者是内部的叶绿体。

|拓展思考|

1. 洋葱表皮属于什么组织？

2. 植物和动物的结构层次有哪些异同点？

青少年应该知道的生物百科知识

单细胞生物和多细胞生物

Dan Xi Bao Sheng Wu He Duo Xi Bao Sheng Wu

生物有单细胞生物和多细胞生物，这两种生物是根据生物体内含有细胞的数目来进行划分的。

◎单细胞生物

一、概念

单细胞生物就是在生物圈中不能用肉眼看出来的一种生物，并且它们身体内只含有一个细胞，就把这种生物叫做单细胞生物。单细胞生物只由单个细胞组成，而且经常会聚集成为细胞群落。单细胞生物的特征就是它的个体很小，而且它们的全部生命活动仅在一个细胞内完成，这种单细胞生物一般生

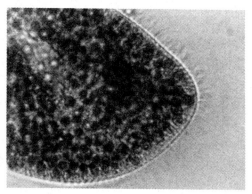

※ 草履虫

活在水中。第一个单细胞生物出现在 35 亿年前。单细胞生物在整个动物界中属最低等最原始的动物。包括所有古细菌和真细菌和很多原生生物。单细胞生物尽管只有一个细胞，这并不是说它不能进行一系列的生命活动，它们也能完成营养、呼吸、排泄、运动、生殖和调节等一系列的生命活动。

二、分类

单细胞生物还有一种分法，根据这种分法主要分有核和无核的单细胞生物。有核单细胞生物主要由细胞核、细胞质、还有细胞器构成的生物。它包括：线粒体、高尔基体、核糖体、细胞膜，这是动物型单细胞。植物型单细胞，有细胞壁、细胞核、细胞质，如红藻的细胞器主要由线粒体、

高尔基体、核糖体、叶绿体、细胞膜构成。

三、单细胞生物

同时，单细胞生物也有很多
变形虫，像衣藻，眼虫，草履虫
等一些变形虫。

先说衣藻，它属单细胞藻
类，衣藻生活在淡水中。它的细
胞由细胞壁、细胞质和细胞核构
成；而且它的细胞看起来像卵形
或球形的物体。它的细胞质里含
有叶绿体，这个叶绿体的形状像
一个杯子。细胞前部偏在一侧的
地方有一个红色的眼点，它的这
个眼点对光的强弱很敏感。衣藻
细胞的前端的两根鞭毛，能够摆
动，这就是衣藻可以在水中自由
游动的原因。别看衣藻是单细胞
生物，但是衣藻的全身都能够吸

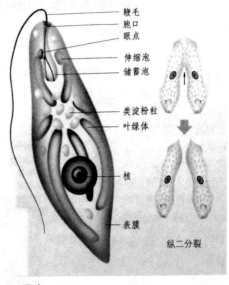

鞭毛
胞口
眼点
伸缩泡
储蓄泡
类淀粉粒
叶绿体
核
表膜
纵二分裂

※ 眼虫

收溶解在水中的二氧化碳和无机盐，并且它还能够依靠眼点的感光和鞭毛
的摆动，找到光照和其他条件都非常适宜的地方，在那里进行光合作用，
进而制造有机物来维持自己的生活。

◎多细胞生物

一、概念

与单细胞生物相对应的是多
细胞生物，它是指由多个、分化
的细胞组成的生物体，它比单细
胞生物要复杂，因为它的生命是
建立在一个细胞——受精卵的存
在的基础上的，经过细胞分裂和
分化，最后发育成成熟个体；其
分化的细胞都有不同的、专门的

※ 植物

功能。多细胞生物在许多分化细胞的密切配合下，就能完成一系列复杂的生命活动，如免疫等。大多数的细胞生物是可以用肉眼看到的，这也是区别于单细胞生物的其中一个特点。多细胞生物大多存在于所有植物界和除粘体门外所有动物界，这些生物在这些动植物界中有很多代表。

二、多细胞生物的起源

因为一切复杂的事物最初都是从最简单的开始，多细胞动物也是起源于单细胞动物。一切高等生物包括动物、植物，都是多细胞的。但多细胞动物的进化发展很快，它远远超出了植物的进化发展。为什么会出现这种情况呢？这是因为多细胞动物在进化过程中发展了两侧对称的体型，一有对称的体型，身体各部分的分工就会明确起来了，这样出现了头部，使得神经、感官等神经以及体型头部神经大大发展，而这些发展都是由于多细胞动物长期适应于活跃的生活方式而形成的，而多细胞植物没有活跃的生活方式，它们只是在它们的圈内进行一系列的生命活动，这就是多细胞动物会进化发展快的原因。多细胞生物中的细胞如果丧失它的规则发展控制，其生长的功能就会导致癌症。

※ 动物

三、细胞的分化

　　最简单的多细胞生物是哪种呢？最简单的多细胞生物海绵是由多种分化细胞聚集在一起组成的。这些分化的细胞有领细胞（消化细胞），造骨细胞（结构，支持细胞）、孢子母细胞和扁平细胞（表皮细胞），虽然这些不同的细胞组成了一个多细胞生物，并且这个多细胞生物是一个有组织的、宏观的多细胞生物，但是它们并不能组成一个互相连接的组织。假如把海绵切开的话，每个部分可以重新组织，可以继续生存。聚集的单细胞生物有什么特性呢？例如，绿藻的每个细胞从群聚离开后，依然能够继续生存。

▶知 识 窗

·单细胞生物·

　　单细胞生物在整个动物界中属最低等最原始的动物。包括所有古细菌和真细菌和很多原生生物。根据旧的分类法有很多动物，植物和真菌多是单细胞生物。带鞭毛的鞭毛虫如眼虫，有时被归为单细胞藻类或者是单细胞动物。

|拓展思考|

　1. 单细胞生物与多细胞生物有哪些异同点？

　2. 单细胞生物与人类有什么关系？

青少年应该知道的生物百科知识

生命的基本元素—— 细胞

Sheng Ming De Ji Ben Yuan Su—— Xi Bao

生物体的基本结构单位就是细胞，生物体内所有生理功能和生化反应都是在细胞功能的基础上进行的。

究竟什么是细胞，没有一个固定的定义，细胞的定义很难确定，近年来有一种比较普遍的提法，那就是说细胞是生命活动的基本单位。我们都知道除病毒之外的所有生物均由细胞所组成，但病毒生命活动

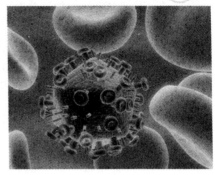

※ 细胞

也必须在细胞中才能体现。一般来说，细菌等很大一部分微生物以及原生动物都是由一个细胞组成的，即叫做单细胞生物；高等植物与高等动物则是多细胞生物。还有一种说法，就是可以把细胞分为两类，一类是原核细胞，另一类是真核细胞。不过却有人提出应分为三类，这些人的观点是把古核细胞从原核细胞独立出来，单独形成一类，并且让它和原核细胞"并驾齐驱"。

◎细胞的发现

细胞的是在什么时间发现的呢？细胞是在 100 多年前被发现的，光学显微镜的发现为细胞的发现奠定了基础，最终在光学显微镜下人们发现了细胞，在这之后，研究人员对细胞的结构和功能进行了长时间的研究。

1674 年，列文虎克通过他自己制造的镜片，在雨水、乃至于他自己的口中发现了微生物，因此，他是历史上第一个发现细菌的业余科学家。

1809 年，法国博物学家（博物学即二十世纪后期所称的生物学、生命科学等的总称）拉马克（1744—1829）提出："所有生物体都由细胞所组成，细胞里面都含有些会流动的'液体'。"但他只是提出了这种

说法，却没有找到具体的观察证据来证明这个说法。

1824年，法国植物学家杜托息在他的论文中提出"细胞确实是生物体的基本构造"又因为植物细胞比动物细胞多了细胞壁，因此在观察技术还不成熟的时候，植物细胞比动物细胞更容易观察，所以他的这个说法最初被植物学者接受了。

19世纪中期，德国动物学家许旺（1810—1882）又有了新的发展，他发现动物细胞里有细胞核，核的周围有液状物质，在外圈还有一层膜，却没有细胞壁。他的观点是，他认为细胞的主要部分是细胞核并不是外圈的细胞壁。与此同时，德国植物学家许莱登（1804—1881）以植物为材料进行研究，他的研究结果与许旺得出了一样的结论，他们两个人都认为"动植物皆由细胞及细胞的衍生物所构成"，他们这一说法为细胞学说奠定了基础。

继德国的许旺和许莱登之后的10年，科学家陆续发现了新的证据，证明细胞都是从原来就存在的细胞分裂而来的，直到21世纪初期，细胞学说才有了一个完整的体系。这时，细胞学说能简述为以下三点：细胞是一切生物的构造单位、细胞是一切生物的生理单位、细胞是由原已生存的细胞分裂而来的。

◎各种各样的细胞

细胞按照常规的组织学分类方法，脊椎动物和人体细胞类型大约有200余种。这些细胞在人体中的分布都有一定的规律，它们在人体中呈现有序的空间分布。细胞是人体的结构和功能单位。它在人体中共约有40万～60万亿个，细胞的平均直径在10微米～20微米之间。成熟的红血球是没有细胞核，其他的细胞都有一个细胞核，细胞核是调节细胞作用的中心。最大的细胞是成熟的卵细胞，直径在0.1毫米以上；最小的细胞是血小板，直径只有约2微米。精子细胞比卵细胞轻多了，因为175 000个精子细胞才抵得上一个卵细胞的重量。肠粘膜细胞的寿命为3天，肝细胞寿命为500天，最长的细胞寿命是脑与骨髓里的神经细胞，它们的寿命有几十年，它们有着和人体几乎相等的寿命。

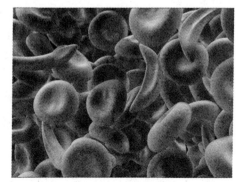

※ 红细胞

青少年应该知道的生物百科知识

而血液中的白细胞有的却只能活几小时。

细胞有许多种，例如以下的几种：

1. 原核细胞：原核细胞就是还没有成型的细胞核，细胞器只有核糖体。

2. 蓝藻细胞（原核生物）：细胞中除了核糖体并没有其他的细胞器，因为细胞膜上分布有光与合作用有关的酶、色素等，可以进行光合作用。

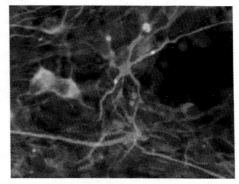

※ 神经元细胞

3. 真核细胞：有成型的细胞核，细胞器有核糖体、线粒体、高尔基体、内质网等。

4. 蛙的红细胞：增殖方式是无丝分裂，分裂过程没有出现纺锤丝和染丝体，分裂是核质增殖。

◎细胞的分裂、生长和分化

一个受精卵经过三种过程就能形成一个生物体，这三种过程就是分裂、生长和分化。

细胞分裂就是一个母细胞经过一系列复杂的变化之后，分裂成两个子细胞的过程，应该说明的是，动物细胞的分裂和植物细胞的分裂是不同的。动物细胞分裂时，细胞内有一种物质叫做染色体，染色体内存在着一种容易被碱性染料染成深色的物质。细胞经过分裂，到最后细胞的数目会增多。

细胞是怎样生长的呢，刚分裂产生的子细胞只有母细胞的一半大，它能够吸收营养物质，合成自身的组成物质、不断地长大，细胞就是在这个过程中生长的。细胞的成长，会使细胞的体积增大。

细胞的分化：细胞在分裂过程中，有的子细胞长到与母细胞一般大小时能继续分裂；但是有的子细胞却发生变化，从而形成了具有不同形态和功能的细胞，这个过程叫做细胞的分化。细胞分化最终会使细胞具有不同的功能。

▶ 知 识 窗

·染色体·

　　染色体是细胞核中载有遗传信息（基因）的物质，在显微镜下呈丝状或棒状，由核酸和蛋白质组成，在细胞发生有丝分裂时期容易被碱性染料着色，因此而得名。在无性繁殖生物中，生物体内所有细胞的染色体数目都一样。而在有性繁殖物种中，生物体的体细胞染色体成对分布，称为二倍体。性细胞如精子、卵子等是单倍体，染色体数目只是体细胞的一半。

|拓展思考|

1. 细胞是如何分裂的？
2. 什么是细胞核？

青少年应该知道的生物百科知识

细胞的结构

Xi Bao De Jie Gou

植物的细胞特征和动物的细胞特征有相同的一面，也有不同的一面。相同的一面就是都具有细胞膜、细胞质和细胞核三个特征，但是有一点是不同的，那就是植物比动物的细胞结构多大液泡、叶绿体和细胞壁三个特征。

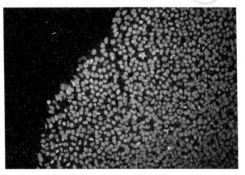

※ 细胞

虽然细胞的结构种类多种多样，它的形态、结构与功能也都不一样，但是它们也存在着基本的共同点：那就是所有的细胞表面均有磷脂双分子层与镶嵌蛋白质构成的生物膜，即细胞膜；所有的细胞都有两种核酸，这两种核酸分别是 DNA 和 RNA，它们作为遗传信息复制与转录的载体；除了个别特化细胞外，作为合成蛋白质的细胞器——核糖体，毫无例外地存于一切细胞内；细

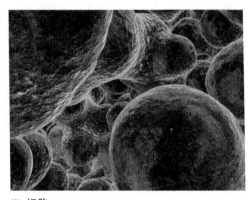

※ 细胞

胞的增殖的分裂方式特征是一分为二的，通常按这种方式进行分裂，遗传物质在分裂前复制会增多，在分裂时均匀地分配到两个子细胞内，必须具备这样的条件，生命才能繁衍，因此，可以说这是生命繁衍的基础和保证。

◎动物细胞的结构

什么是动物细胞呢？动物细胞就是立体结构图组成动物体的细胞，人体或动物体的各种细胞虽然存在不一样的形态，但它们的基本结构却是一样的，都有细胞膜、细胞质和细胞核。

动物细胞由细胞核、细胞质和细胞膜组成，但却没有细胞壁，它的液泡不明显，含有溶酶体。动物细胞的结构有细胞膜、细胞质、细胞器、细胞核；这些动物细胞的结构组成部分分别具有控制细胞的进出、进行物质转换、生命活动的主要场所、控制细胞的生命活动的作用。

细胞膜是由两层分子组成的薄膜，这两层分别是：一层是蛋白质分子，另一层是磷脂双层分子，水和氧气等小分子物质能够自由通过，而某些离子和大分子物质则不能自由通过，因此，细胞膜不仅具有保护细胞内部的作用，而且它还具有控制物质进出细胞的作用，就是说它既不让有用物质任意地渗出细胞，同时也不让有害物质轻易地进入细胞。

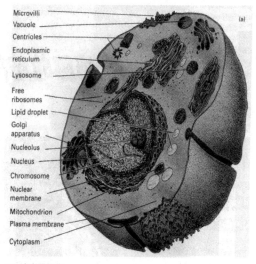

Microvilli
Vacuole
Centrioles
Endoplasmic reticulum
Lysosome
Free ribosomes
Lipid droplet
Golgi apparatus
Nucleolus
Nucleus
Chromosome
Nuclear membrane
Mitochondrion
Plasma membrane
Cytoplasm

※ 动物细胞

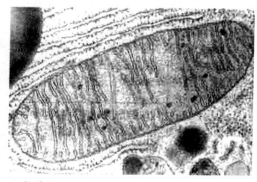

※ 细胞器

动物细胞的细胞器有哪几部分呢？细胞器主要有内质网、线粒体、高尔基体、核糖体、溶酶体、中心体组成。

◎植物细胞的结构

植物细胞和动物细胞有着相似的特点，即植物细胞也是植物体进行生命活动的基本单位。

高等植物细胞具有以下几个特点：构成高等植物体的基本单位就是真核细胞，但一株绿色植物的细胞存在着不同的特点，一株绿色植物中的不

同组织器官的细胞，它的大
小、形态及内部细胞器分化程
度、数目等都是不一样的。

植物细胞中的内亚细胞颗
粒的大小与数目，成熟的薄壁
细胞如叶肉细胞，在它的中央
往往是一个大液泡，在这个叶
肉细胞的周围有透明的浆状
物，我们就把这种物质叫做细
胞质。

细胞质中有一个细胞核，
它在那里悬浮着，而且它的体
积较大，就像一个圆球。数十
至数百个椭圆形、呈绿色的叶
绿体，还有数目更多、体积更
小的线粒体以及其他各种形状
的有膜或无膜的细胞器。原生

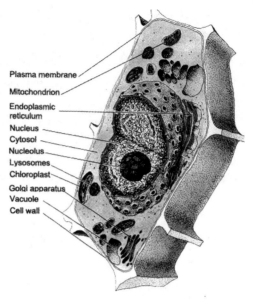

※ 植物细胞

质体是细胞器、细胞质基质以及其外围的细胞质膜的统称。原生质体外有
一层坚牢而略有弹性的细胞壁。在植物组织里还可观察到一个细胞的原生
质膜突出，这个质膜穿过细胞壁与另外一个细胞的原生质膜连在一起，这
样就能构成相邻细胞的管状通道，这就是胞间连丝。

细胞壁的功能有很多，但是，目前比较肯定的有以下几个方面：

1. 细胞壁能维持细胞形状，控制细胞生长：细胞壁增加了细胞的机
械强度，细胞壁承受着内部原生质体由于液泡吸水而产生的膨压，从而使
细胞具有一定的形状，在这样的情况下，细胞壁不仅具有保护原生质体的
作用，而且它还能维持器官与植株的固有形态。另外，细胞壁还能控制着
细胞的生长，那是因为要使细胞壁松弛和不可逆伸展就必须要扩大细胞而
且使细胞伸长，后两者是前两者的存在的基础。

2. 物质运输与信息传递：细胞壁能让离子、多糖等小分子和低分子
量的蛋白质通过，而将大分子或微生物等阻挡在外。因此，细胞壁在一系
列的生理活动中扮演了很多角色，它参与了物质运输、降低蒸腾作用、防
止水分损失（次生壁、表面的蜡质等）、植物水势调节等一系列生理活动。

3. 防御与抗性：细胞壁中有一些寡糖片段能诱导植保素的形成，它
们还对其他生理过程有调节作用，这种具有调节活性的寡糖片段称为寡
糖素。

Plasma membrane
Mitochondrion
Endoplasmic reticulum
Nucleus
Cytosol
Nucleolus
Lysosomes
Chloroplast
Golgi apparatus
Vacuole
Cell wall

4. 其他功能：细胞壁中的酶类广泛具有细胞壁高分子的合成、转移、水解、细胞外物质输送到细胞内以及防御的作用等。

·水的流动·

水在平地上顺着一条线流动时，如果用手指在它流经的地方朝旁边划一道（制造分岔），就会有水顺着所划的这条道流，可能是由于水的边界半径很大（平直部分），水线向前推进需要能量很多，因为这涉及到克服非浸润表面与水的界面能（正的）。当你用手指改变了边界的曲率，水就可以在那个位置以总量较小的自由能增加前进，所需能量由整个水体的势能下降来补偿。

| 拓展思考 |

1. 动物细胞的结构和植物细胞的结构有什么区别？
2. 动物细胞的分裂与植物细胞的分裂有什么区别？

青少年应该知道的生物百科知识

细胞的生活

Xi Bao De Sheng Huo

◎构成细胞的物质

在我们生活的地球上，只要是存在的东西我们都叫它物质。把一块蔗糖放压制成方糖放进水里，不一会儿，蔗糖似乎在水中消失了。舀一勺水尝一下结果是甜的。这是为什么呢？那么它里面有哪些物质呢？科学家已经证明，水和蔗糖，以及其他许多物质，都是由分子组成的。蔗糖在水中溶解，从科学的角度来解释就是水中的一个个蔗糖分子分散开来，挤进水分子之间的缝隙中，蔗糖分子和水分子相互作用，所以我们尝到的水是甜的。

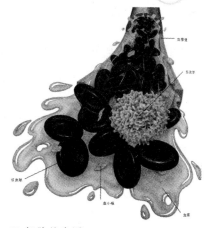

※ 细胞的生活

那么细胞中到底都含有哪些物质呢？细胞内含有两类物质，一类是分子较小的，一般不含碳，像水、无机盐等，这类物质被称为是无机物，无机物是不可燃烧的。和分子较小相对应的另一类是分子较大的，一般含有碳，如糖类、脂类、蛋白质和核酸，这类物质称为是有机物，而和无机物不同的是，有机物是可以燃烧的。

※ 水物质

◎细胞膜控制物质进出

前面说到了细胞膜具有控制物质的进出的功能，但是，所有的物质都能进入细胞内吗？一般的说，细胞膜能够让有用的物质进入细胞内，然后把其他物质挡在细胞外面，同时，还能把细胞内产生的废物排到细胞的外面。即细胞膜控制物质的进出是具有选择性的，它说明了并不是所有的物质都能进入细胞内。

◎细胞中的能量转换器

细胞的生活既需要物质又需要能量，物质和能量是细胞生活的基础。那么细胞是如何获得能量的呢？

能量以不同的形式存在，比如，食物中的能量属于化学能，阳光的能量属于光能，物质燃烧时放出的热量是热能。能量间的形式是可以相互转化的，即能量可以由一种形式转变成另一种形式。而这种能量之间的转换是需要转化机器的，能量间转化的机器就是叶绿体和线粒体。叶绿体能够进行光合作用，合成有机物，储存能量。而线粒体的作用也是不容忽视的，它具有呼吸作用，它先是分解有机物，然后再释放能量。

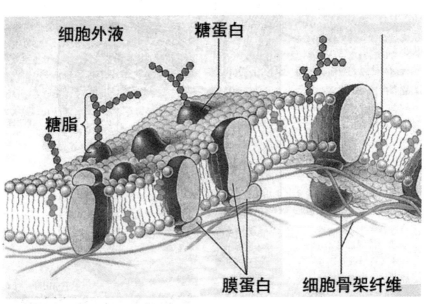

※ 细胞膜

▶知识窗

·叶绿体和线粒体·

叶绿体和线粒体都是细胞中的能量转换器。

线粒体使细胞中的有机物与氧结合，经过复杂的过程，转变成二氧化碳和水，同时将有机物中的化学能释放出来，供细胞利用。

叶绿体中的叶绿素能吸收光能。然后将光能转变成化学能，储存在它所制造的有机物中。

|拓展思考|

1. 细胞中有哪些物质？
2. 描述细胞质中线粒体和叶绿体在能量转换方面的作用？

细胞的组成物质—— 无机盐

Xi Bao De Zu Cheng Wu Zhi—— Wu Ji Yan

青少年应该知道的生物百科知识

◎什么是无机盐

无机盐就是无机化合物中的盐类，以前人们都把无机盐叫做矿物质，无机盐在生物细胞内一般只占很小的比例，它的比例一般在 $1\% \sim 1.5\%$ 之间，至今为止，无机盐在人体中已经发现了 20 余种，其中无机盐的大量元素有钙 Ca、磷 P、钾 K、硫 S、钠 Na、氯 Cl、镁 Mg，微量元素有铁 Fe、锌 Zn、硒 Se、钼 Mo、铬 Cr、钴 Co、碘 I 等。尽管无机盐在细胞中、人体中的含量都是很低，但是无机盐的作用非常大，假如人们注意饮食多样化，尽量少吃或不吃动物脂肪，要多吃糙米、玉米等粗粮，尽量不要过多食用精制面粉，若按照这样的方法，人体内所需的无机盐就会保持在一个正常的水平上，人体内就会有足够的营养。

◎主要组成元素

无机盐的组成元素主要有哪些呢？无机盐的组成元素主要有钠、镁、磷、铁、锌、碘等元素，在这些众多的元素中，铁是人体内含量最多的微量元素，因为铁与人体的生命及其健康有着密不可分的关系。比如，如果人体内的铁元素少了，就会引发缺铁性贫血、免疫力下降等一系列的疾病。我国营养学会根据人的性别研究出了一套方案，研究人员推荐 50 岁以上男性或女性铁的每天最适宜摄入量为 715 毫克。在生活中哪些物质中含有的铁元素多呢？一般常见含铁丰富的食物是动物的肝脏、肾脏、鱼子酱、瘦肉、马铃薯、麦麸、大枣。所以，人们平时应多吃这些含铁元素丰富的食物。

◎各种元素的代表食物

奶类制品和绿叶类蔬菜中一般含有的钙元素很多，而坚果、大豆中的镁元素是最多的。食用盐是钠元素的主要来源，此外，牛奶和菠菜中也有钠元素。食用盐是氯元素的主要饮食来源。很多研究人员认为，人类能经常受益于无机盐的补充，并且对人体的健康非常有益。

无机盐不仅是存在于体内的物质营养素，而且也是食物中的矿物质营养素，细胞中大多数无机盐都是以离子的形式存在的，无机盐由有机物和无机物综合组成。人体已发现有 20 余种必需的无机盐，约占人体重量的 4％～5％。在这些无机盐中，含量较多的为钙、磷、钾、钠、氯、镁、硫七种，这七种的元素含量都是在 5 克以上的。人们每天的膳食需要量都在 100 毫克以上，我们把这种元素称为常量元素。另外还有一些含量低微的元素，我们叫它微量元素。随着近代分析技术的进步，利用原子吸收光谱、中子活化、等离子发声光谱等分析手段，发现了铁、碘、铜、锌、锰、钴、钼、硒、铬、镍、硅、氟、钒等这些元素，这些元素也是人体所必需的。无机盐是细胞内外液的重要成分，它们（主要是钠、钾、氯）与蛋白质一起维持着细胞内、外液的一定的渗透压，从而在体液的储留和移动过程中起着重要的作用。维生素和无机盐是一个统一体，它们具有相互依赖的性质，它们需要互相的存在来达到充分的效益；只采用综合维他命剂，而没有用无机盐，几乎不比采用一种维他命和同时有无机盐有效。

◎作用

无机盐对组织和细胞的结构都具有很重要的作用，硬组织如骨骼和牙齿，大部分是由钙、磷和镁组成，而软组织含钾较多，这些组织都是需要无机盐来调节的。体液中的无机盐离子调节细胞膜的通透性，控制水分，维持正常渗透压和酸碱平衡，帮助运输普通元素到全身，参与神经活动和肌肉收缩等。有些是无机或有机化合物以构成酶的辅基、激素、维生素、蛋白质和核酸的成分，或作为多种酶系统的激活剂，参与许多重要的生理功能。例如：保持心脏和大脑的活动，帮助抗体形成，对人体发挥有益的作用。由于人体需要新陈代谢，新陈代谢的结果就是每天都有一定数量的无机盐从体内通过各种途径排出体外，因而人们必须通过膳食给予补充。无机盐的代谢可以通过分析血液、头发、尿液或组织中的浓度来判断。在人体内的各个组成部分的无机盐的作用是相互关联的。无机盐的浓度合适了，在所需的浓度范围内就会有益于人和动植物的健康，缺乏或过多都能致病，而疾病又影响其代谢，往往增加其消耗量。在我国，钙、铁和碘的缺乏较常见。根据硒、氟等随地球化学环境的不同，我国既有缺乏无机盐的病，像克山病、大骨节病、龋齿等，又有无机盐过多症，例如氟骨症和硒中毒。

青少年应该知道的生物百科知识

　　无机盐之所以具有这些对人体的作用，是因为它中含有的元素，例如，镁是维持骨细胞结构和功能所必需的元素。镁元素缺乏了，就会引发一系列的人体问题。因为人体内的镁元素缺乏了，会产生神经紧张、情绪不稳、肌肉震颤等现象。因此，我国营养学会推荐18岁以上成年人的镁每天适宜摄入量为 350 毫克。常见的含

※ 青菜

镁丰富的食物是新鲜绿叶蔬菜、坚果、粗粮（镁离子也是叶绿素分子必需的成分）。碘是合成甲状腺素所必需的营养素，甲状腺素在人体中起着重要的作用，它可促进蛋白质的合成并促进胎儿的生长发育。也是构成骨骼及牙齿的重要组成部分。如果人体内缺乏过多的磷元素，就会导致厌食、贫血等。我国营养学会推荐18岁以上成年人的磷每天适宜摄入量最好在700 毫克。

▶知识窗

· 吃梨有哪些作用吗 ·

　　梨可防晒！常食梨能使肌肤保持弹性，不起皱纹。因为梨中含有丰富的维生素 E，它对太阳光的暴晒能起到防护作用。

┃拓展思考┃

　1. 细胞的组成物质除了无机盐还有哪些？
　2. 无机盐对人体有哪些作用？

生

物的生殖、遗传、变异和进化

第三章

SHENGWUDESHENGZHI YICHUAN BIANYIHEJINHUA

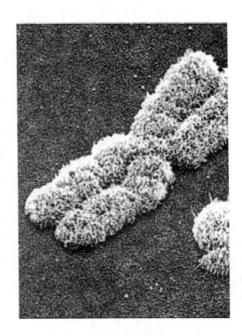

　　生物就是在自然条件的作用下，通过化学反应生成的、具有生存能力和繁殖能力的、有生命的物体以及由它（或它们）通过繁殖产生的有生命的后代。在自然界中，因为生物的种类不同，所以它们的生殖方式也不同，生物的生殖方式分为有性生殖和无性生殖。人们常说的遗传、变异和进化等问题又是怎么一回事？动物也会遗传吗？

青少年应该知道的生物百科知识

生物的有性生殖和无性生殖

Sheng Wu De You Xing Sheng Zhi He Wu Xing Sheng Zhi

◎有性生殖

一、概念

两性生殖细胞结合成的受精卵，经过发育会形成种子的胚。我们把这种由受精卵发育成新个体的生殖方式就叫做有性生殖。还有一种说法是指经过两性生殖细胞（精子与卵细胞）的结合而产生受精卵，由受精卵发育成生物个体，这种生殖方式叫做有性生殖。有性生殖是一种通过生殖

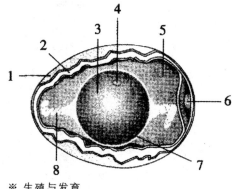

※ 生殖与发育

细胞结合的生殖方式。比如，向日葵、玉米等和桃树一样，它们都是通过开花、受粉并结出果实，最后由果实中的种子来繁殖后代。它们的生殖过程是：胚珠中的卵细胞与花粉管中的精子结合成受精卵—种子的胚—新一代植株。

二、有性生殖的主要方式

1. 接合生殖：这种单细胞生物有性生殖由个体直接进行的方式就叫做接合生殖；多细胞生物及单细胞生物的群体则由特化的单倍体细胞，也就是配子，进行融合生殖或单性生殖。

2. 同配结合：同配结合的接合子的形态相同。接合时双方只是一时融合，小核在减数分裂后还会进行交换，然后在相互受精后就会分开，像尾草履虫就是这种结合方式。

3. 异配结合：常常出现在缘毛目类纤毛虫。在进行接合生殖前，虫体先经一次不均等分裂，除小核外大核和虫体都分成大小两部分，成为大接合子和小接合子，前者固着，后者自由游泳。小接合子找到大接合子后即

牢固附着在其上开始接合。异配结合在接合过程中，合子核只在大接合子中形成，小接合子为大接合子吸收。例如，钟虫就是这种结合方式的代表。

4. 异配生殖：异配生殖可分为两种类型，一种是生理的异配生殖，参加结合的配子形态上并无区别，但交配型不同，在相同交配型的配子间不发生结合，这种结合方式只有不同交配型的配子才能结合，且具有种的特异性，像衣藻属中的少数种类。这是异配生殖中最原始的类型。另一种是形态的异配生殖，参加结合的配子形状相同，但大小和性表现不同。大的不太活泼，为雌配子，小的活泼，为雄配子，这说明已开始了性在形态上的分化。

三、鸟的生殖和发育

鸟生殖的过程有以下几个过程，它需要经过筑巢、求偶、交配、产卵、孵卵、育雏几个阶段。鸟具有卵生体内受精的发育的特点。

鸟卵的结构：鸟卵的一个卵黄就是一个卵细胞。胚盘里面含有细胞核。卵壳和壳膜具有保护的作用，卵白具有营养和保护作用，卵黄具有营养作用。胚盘具有胚胎发育的场所。

四、两栖动物的生殖和发育

1. 变态发育：卵→蝌蚪→幼蛙→成蛙。
2. 特点：卵生，体外受精。

※ 青蛙

青少年应该知道的生物百科知识

五、昆虫的生殖和发育

1. 完全变态：变态发育就是在由受精卵发育成新个体的过程中，幼虫与成体的结构和生活习性差异很大的一种发育方式。过程是卵→幼虫→蛹→成虫。举例：家蚕、蜜蜂、蝶、蛾、蝇、蚊。

2. 不完全变态：卵→若虫→成虫。举例：蝗虫、蝉、蟋蟀、蝼蛄、螳螂。

※ 蟋蟀

◎无性生殖

一、概念

那种不经过两性生殖细胞结合，由母体直接产生新个体的生殖方式就叫无性生殖。比如：扦插，嫁接，压条，组织培养等都是无性生殖。

※ 无性生殖

二、无性生殖的优点

1. 植物生长的周期变短。

2. 保留农作物的优良性状与一些新的优点。

3. 增加农作物产量。

4. 品种的创新性有利于生物变异与进化。

三、无性生殖的分类

1. 分裂生殖：分裂生殖又被称为裂殖，它是指生物由一个母体分裂出新子体的生殖方式。例如，草履虫、变形虫、眼虫、细菌都是进行分裂生殖的。

2. 出芽生殖：出芽生殖也叫芽殖，是由母体在一定的部位生出芽体的生殖方式。酵母菌和水螅（环境恶劣时水螅也进行有性生殖）通常进行出芽生殖。

3. 孢子生殖：有的生物，它的身体长成以后能够产生一种细胞，这种细胞不经过两两结合，就可以直接形成新个体。这种细胞叫做孢子，这种生殖方式就叫做孢子生殖。举例：铁线蕨、青霉、曲霉都是孢子生殖。

4. 营养生殖：由植物体的营养器官像根、叶、茎能产生出新个体的生殖方式就叫营养生殖。例如，马铃薯的块茎、蓟的根、草莓匍匐枝、秋海棠的叶，都能生芽，它们的这些芽都能够形成新的个体。

四、无性生殖的应用

1. 嫁接：顾名思义就是把一个植物体的芽或枝，接在另一个植物体上，使结合在一起的两部分长成一个完整的植物体。嫁接的方法有两种，一种是芽接，另一种是枝接。嫁接常常能产生新的优良品种，像苹果、梨等都能通过嫁接来改善它们的品种质量。

※ 果树嫁接

2. 扦插：如甘薯、菊、葡萄等。

▶ 知 识 窗

·苹果的营养·

苹果是梨果的一种，由子房和子房外围的组织发育而成。苹果树多为异花授粉。虽然成熟苹果的大小、形状、颜色和酸度因品种和环境条件的不同而差异很大，每百克苹果含果糖 6.5～11.2 克，葡萄糖 2.5～3.5 克，蔗糖 1.0～5.2 克；还含有微量元素锌、钙、磷、铁、钾及维生素 B1、维生素 B2、维生素 C 和胡萝卜素等含有大量的果胶，这种可溶性纤维质可以降低胆固醇及坏胆固醇的含量。一个中等大小未削皮的苹果可提供 3.5 克的纤维质（即使削了皮，也含 2.7 克的纤维质），是营养专家建议的每日摄取量的 10% 以上，而且仅含 80 卡路里的热量。

| 拓展思考 |

1. 有性生殖和无性生殖有什么区别？

2. 嫁接的关键是什么？

生物的遗传、变异和进化

Sheng Wu De Yi Chuan 、Bian Yi He Jin Hua

生物的基本特征有两点，那就是遗传和变异，遗传稳定性是生物赖以生存的基础，也是物种稳定性的基础，保持了物种的延续性。生物的繁衍不是简单意义上的复制自己，生物的繁衍的目的就是为了产生有别于亲代的新生命，物种内的多样性就是变异的结果，变

※ 人类的进化

异使生物的种类具有多样性，进而产生了丰富多彩的世界。所以说遗传和变异是生物进化的基础。达尔文进化论的三大要素：遗传、变异、选择，三者的关系是：选择是建立在遗传和变异的基础上的，没有变异就不存在生物的多样性，也就没有选择的对象；如果没有遗传，生物不能延续繁衍，选择也就失去了意义。因为生物具有遗传和变异的特点，那么推动生物进化的动力就是选择了，因为生物一直是处于选择的过程中的。

什么是生物进化呢？生物进化就是指生物的某一种群在一定历史时期内形成的遗传变异的积累和表型特征的改变。遗传具有保持物种稳定的作用。在通过遗传产生新的子代的同时有变异产生。变异有两种，一种是一定变异，指的是在同样条件作用下，同一祖先后代的所有个体基本上都向着一个方向发生相似的变异；第二种是不定变异，指的是来自同一亲本或相似来源的个体，在相似条件下发生不同变异（这种变异对新物种的形成作用较大）。在接下来的时间里，经过人工或自然的选择的发生变异的物种，最终优胜劣汰，通过完成进化。

◎生物的遗传现象

生命最基本的特征之一就是遗传，遗传是生物中的普遍现象。不光是人类可以遗传，动物和植物都可以遗传，这类的现象都叫做生物的遗传现象。

有一句俗话叫"种瓜得瓜，种豆得豆"这就是对遗传现象的形象描

青少年应该知道的生物百科知识

述。水稻种下去总是长成水稻，优良的品种可以获得更好的收获。事实上，任何生物都能通过各种生殖方式产生与自己相似的个体，保持世代间的连续，以绵延其种族。遗传是相对稳定的，生物不轻易改变从亲代继承的发育途径和方式。所以，亲代的外貌、行为、习性以及其他的优良特征，是可以在子代的身上找得到，有时和亲代的几乎一模一样。

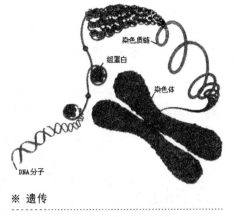

※ 遗传

像"桂实生桂，桐实生桐""种豆其苗必豆，种瓜其苗必瓜"以及"物生自类本种"等都是体现了遗传的现象。

◎生物的变异现象

生物变异就是指生物体亲代与子代之间以及子代的个体之间总存在着或多或少的差异的一种现象。在自然界中，每种生物都可能发生变异．对于生物自身来说，有的变异有利于生物的生存，有的变异不利于生物的生存。像小麦的抗倒伏、抗锈病的变异有利于小麦的生存；相反，玉米的白化苗就不利于小麦的生存了。

变异的现象在动物中也有体现，这样的例子也很多，像白化病的蛇、老虎、大象等，还有四条腿的鸡、两个头的龟等都是根据环境变化发生的变异。两栖动物就更容易变异了，例如蛙，它在受污染严重的地方变异就会更加容易发生了。

生物在繁衍的过程中，一直会不断地产生各种有利的变异，有利变异对于生物的进化具有重要的意义。地球上的环境是复杂多样、不断变化的。生物如果不能产生变异，就不能适应不断变化的环境。可遗传的变异是产生新的生物类型的基础，前者是后者存在的基础条件。生物就不能由简单到复杂、由低等到高等地不断进化。由此可见，变异为生物进化提供了原始材料。生物的变异具有同种生物的进一步的进化的作用，这是因为各种有利的变异会通过遗传不断地积累和加强，在这个过程中，不利的变异就会被淘汰，生物群体经过这样一个过程就会更加适应周围的环境。

生物的变异现象有两个因素，一个是先天因素，另一个是后天因素。

子女与父母之间，兄弟姐妹之间，在相貌上总会有些差异。把同一株农作物的种子种下去，后代植株也会有高有矮，有的可能穗大粒多，有的可能穗小粒少。变异就是生物的亲代与子代之间，以及子代的个体之间在性状上存在的不一样的地方。变异和遗传现象一样，同样在生物界也是普遍存在的，因为遗传和变异是生物进化的基础和条件。

▶知 识 窗

·小麦的抗倒伏·

小麦育种家一直以来都很关注小麦是不是高产，以及什么时候达到超高产。小麦的倒伏有"根倒"和"茎倒"，一般在小麦的最后发育期会出现这种情况，造成小麦大量减产的就是茎倒，尤其是早期发生的这种情况。形成抗倒的因素有很多，株高大、秆重大的小麦就不容易倒，相反易折的就很容易倒了。因此，应该让小麦倒伏指数和茎秆鲜重和茎秆重心高度成正比与机械强度形成反比。

|拓展思考|

1. 生物是如何遗传的？
2. 生物的进化过程是怎样的？

青少年应该知道的生物百科知识

生物的多样性

Sheng Wu De Duo Yang Xing

地球生命的基础就是生物多样性，它们在维持气候、保护水源、土壤和维护正常的生态学过程对整个人类作出的贡献非常巨大。生物多样性的意义主要体现在它的价值，生物多样性对于人类来说，它具有直接使用价值、间接使用价值和潜在使用价值。

※ 生物的多样性

生物多样性就是指多种多样活的有机体（动物、植物、微生物）有规律地结合所构成稳定的生态综合体，而且这些活的有机体是在一个共同的范围里的。这种多样包括动物、植物、微生物的物种多样性，物种的遗传与变异的多样性及生态系统的多样性。生物多样性包括所有自然世界的资源，地球上的植物、动物、昆虫、微生物和它们生存的生态系统都在内。它还包括构造出生命的重要基石——染色体、基因和脱氧核糖核酸。因此，生物多样性有三个组成部分，这三个组成部分是遗传多样性、物种多样性和生态系统多样性。

◎遗传多样性

遗传多样性主要是指内基因的变化，这种内基因的变化是指种内不同群体之间或同一群体内不同个体的遗传变异，遗传多样性就是这样一种内基因的总和。遗传多样性是指种内可遗传的变异，但是，它却不包括由于环境和发育引起的变化。

同时，遗传多样性是生物多样性的重要组成部分，是地球上所有生物携带的遗传信息的总和，可以说，一般在谈及生态系统多样性和物种多样性时已经涉及到了遗传多样性，因为物种是构成生物群落进而组成生态系统的基本单元，任何物种都具有其独特的基因库和遗传组成，物种多样性已包含了基因（遗传）的多样性。所以，遗传多样性就是生物多样性的一种内在形式。

遗传多样性可以在多个层次上体现出来，例如，分子、细胞、个体等。在自然界中，对于绝大多数有性生殖的物种而言，种群内的个体之间通常没有完全一致的基因型，但是种群就是由这些具有不同遗传结构的多个个体组成的。

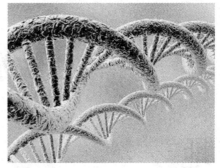

※ 遗传多样性

◎物种多样性

物种多样性只是生物多样性的一种，生物多样性的核心就是物种多样性。生物多样性是地球上所有生命的总和，是40亿年来生物进化的最终结果。物种多样性是多样化的生命实体群的特征。每一级的生命实体的基因、细胞、种群、物种、群落、生态系统等都存在着多样性。生物多样性可以用来体现自然界多样性程度，并且它还可以作为一种内容广泛的定义来界定生物的特性。

※ 物种多样性

物种多样性是指物种水平上的生物多样性，它是用一定空间范围物种数量和分布特征来衡量的。

当人们在研究一个群落的时候，往往首要考虑的就是这个群落总共有多少种？每一种的数目是多少等一系列问题。在群落里面有的物种是稀少的，有的物种是庞大的。物种多样性是指物种水平上的多样性，它是用一定空间范围物种数量和分布特征来衡量的。一般来说，一个种的种群和它的遗传多样性是相关的，并且是正相关，也即是种群越大，它的遗传多样性就越大。物种多样性主要是从分类学、系统学和生物地理学角度对一定区域内的物种的状况进行研究。但是研究物种多样性就必须从三个方面来研究，这三个分别是物种多样性的形成、物种多样性的演化和物种多样性的维持机制。

青少年应该知道的生物百科知识

物种多样性与空间和时间都有一定的关系，在空间和时间的影响下，物种会有不同的类型，并且它们随空间和时间的变化而会有非常大的变化。

◎生态系统多样性

什么是生态系统多样性呢？生物圈内的生境、生物群落和生态过程的多样化、生态系统内生境差异、生态过程的多样性共同组成生态系统多样性。其中生境主要是指如地貌、气候、土壤、水文等。生物多样性从小的方面来说，它影响着生物群落多样性。从大的方面来说它影响着整个生物多样性的形成，它是它们存在的基本条件。

※ 生态系统的多样性

各种生物与其周围环境所构成的自然综合体就是生态系统。所有的物种都是生态系统的组成部分。在生态系统之中，不仅各个物种之间相互依赖，彼此制约，而且生物与其周围的各种环境因子也是相互作用的。从结构上看，生态系统主要由生产者、消费者、分解者所构成。生态系统具有对地球上的各种化学元素进行循环和维持能量在各组成部分之间的正常流动的功能。

▶ 知 识 窗

·如何保护生物多样性·

为了保护生物多样性，我们需要建立更多的自然保护区和保护地，来保护珍稀和濒危的动植物物种和生态系统；也需要建立种质基因库，保护珍贵的遗传多样性；对于那些已经遭受破坏或正在发生衰退的生境，需要投注资金和技术，进行减轻环境压力和生境恢复的工作；同时，关注生物多样性丰富地区的民众生计，帮助他们增强可持续发展的能力、增强保护其传统文化的能力也是保护生物多样性的重要内容。

拓展思考

1. 说出生物多样性的重要性及价值？
2. 考察老虎的物种多样性。

染色体

Ran Se Ti

遗传物质的载体就是染色体，染色体由 DNA、蛋白质和少许的 RNA 构成，染色体有什么作用呢？它具有储存和传递遗传信息的作用。真核细胞的基因大部分存在于细胞核内的染色体上，通过细胞分裂，基因随着染色体的传递而传递，从母细胞传给子细胞、从亲代传给子代。各种不同生物的染色体数目、形态、大小各具特征。而在同一物种中，染色体的形态、数目是恒定的。

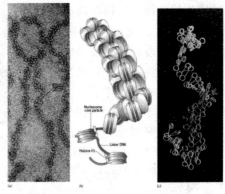

※ 染色体

细胞中的一组非同源染色体，它们在形态和功能上各不相同，但是它们掌握着控制一种生物生长发育、遗传和变异的全部信息，我们就把这样的一组染色体，叫做一个染色体组。

染色体由染色质一种物质组成，染色质和染色体在化学组成上没有多大的区别，只是在构成和形态上有差异。染色质是间期细胞核内伸展开的 DNA、蛋白质纤维，由核小体为基本单位构成的。间期细胞核的染色质按一种分法可以分为常染色质和异染色质，这种分法是可根据其所含核蛋白分子螺旋化程度以及功能状态的不同。染色体整体上看去就像一个棒的形状，它是细胞分裂期由染色质高度凝集而形成的一种结构。

◎人类体内的染色体

在真核生物中，一个正常生殖细胞中所含的全套染色体叫做一个染色体组，在它上面所包含的全部基因称为一个基因组。具有一个染色体组的细胞称为单倍体，以 n 表示；具有两个染色体组的细胞称为二倍体，以 2n 表示。人类正常体细胞染色体数目是 46，即 2n＝46 条，也就预示着正常性细胞中染色体数为 23 条，即式子中的 n＝23 条。

◎人类体内染色体的结构和形态

染色体的形态结构会随着细胞增殖周期的变化而不断地发生着变化。在有丝分裂中期的染色体的形态是最典型的，可以在光学显微镜下观察，常用于染色体研究和临床上染色体病的诊断。有一种特别的染色体，它叫姐妹染色单体，它的性质是每一中期染色体都具有两条染色单体，而且它们各含有一条 DNA 双螺旋链。染色体上的着丝粒位置是恒定不变的，根据染色体着丝粒的位置可将染色体分为中着丝粒染色体、亚中着丝粒染色体和近端着丝粒染色体。

◎性别决定及性染色体

细胞中的性染色体决定着人类的性别。在人类的体细胞中有 23 对染色体，其中 22 对染色体与性别无直接关系，称为常染色体。常染色体中的每对同源染色体的形态、结构和大小都基本相同；而另外一对与性别的决定有明显而直接关系的染色体是 X 染色体和 Y 染色体，它们称作性染色体。两个性染色体的形态、结构和大小都有明显的差别。X 染色体的长度介于 C 组第 6 号和第 7 号色体之间，而 Y 染色体的大小与

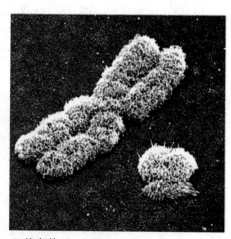

※ 染色体

G 组第 21 号和 22 号染色体相当。男性的性染色体组成为 XY，而在女性细胞中的性染色体组成为 XX，即男性为异型性染色体，女性为同型性染色体。这种性别决定方式为 XY 型性别决定。因此，在配子发生时，男性可以产生两种精子，含有 X 染色体的 X 型精子和含有 Y 染色体的 Y 型精子，两种精子的数目相等；而女性则由于细胞中有两条相同的 X 染色体，因此，只能形成一种含有 X 染色体的卵子。受精时，X 型精子与卵子结合，形成性染色体组成为 XX 的受精卵，将来发育成为女性；而 Y 型精子与卵子结合则形成性染色体组成为 XY 的受精卵，发育成为男性。精子和卵子在受精的瞬间决定了人类的性别，说得准确一点是由精子决定的。

在自然状态下，不同的精子与卵子的结合是任意随机的，所以说人类的男女比例大致保持在1：1，很显然，性别决定实际上是由精子中带有的是X染色体还是Y染色体所决定的，而X染色体和Y染色体在人类性别决定中的作用并不相等。一个个体无论其有几条X染色体，只要有Y染色体就决定男性表型。因为Y染色体的短臂上有一个决定男性的基因，即睾丸决定因子（也称为TDP基因），TDF基因是性别决定的关键基因。性染色体异常的个体，如核型为47，XXY或48，XXXY等，他们的表型是男性，但却是一个不正常的男性。可以说没有Y染色体的个体，其性腺发育基本上就是女性特征，即使只有一条X染色体如核型为45，X的个体，其表型也是女性，不同的是一个表型异常的女性。

◎人类染色体的多态性

即使正常健康的人群，同样存在着各种染色体的恒定的微小变异，包括结构、带纹宽窄和着色强度等。这类恒定而微小的变异是按照孟德尔方式遗传的，染色体具有多态性，这种往往没有明显的表型效应或病理学意义，就是染色体的多态性。

知识窗

·染色体畸变·

染色体畸变是体细胞或生殖细胞内染色体发生的异常改变，畸变的类型和可能引起的后果在细胞不同周期和个体发育不同阶段也不相同。

染色体畸变可分为数目畸变和结构畸变两大类，其中染色体的数目畸变又可分为整倍性改变和非整倍性改变两种。结构畸变主要有缺失、重复、插入、倒位等；当一个个体细胞有两种或两种以上的不同核型的细胞系时，这个个体就被称为嵌合体；无论数目畸变，还是结构畸变，其实质是涉及染色体或染色体节段上基因群的增减或位置的转移，使遗传物质发生了改变，都可以导致染色体异常综合征，或染色体病。据调查，出生活婴的0.7％和自发流产胎儿的50％以上均与染色体畸变有关。染色体发生畸变的原因有化学因素、物理因素、生物因素和母亲年龄因素。

拓展思考

1. 什么是染色体？
2. 染色体是如何分配的？

什么是 DNA

Shen Me Shi DNA

遗传物质最重要的就是 DNA，DNA 是一种长链聚合物，组成单位称为脱氧核苷酸，而糖类与磷酸分子借由酯键相连，组成其和链骨架。DNA 由 5 种组成元素，这 5 种组成元素分别是碳、氢、氧、氮、磷（C、H、O、N、P）。

我们都知道，细胞是构成生命的基础，在每个细胞内，DNA 能组织成染色体结构，整组染色

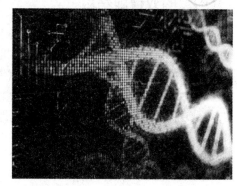

※ DNA

体则统称为基因组。染色体在细胞分裂之前会先进行复制，这个过程也被称为 DNA 复制。那些真核生物像动物、植物及真菌，它们的染色体是存放在细胞核内的。染色体上的染色质蛋白质有组织蛋白，它能够将 DNA 组织并压缩，它有利于 DNA 与其他蛋白质进行交互作用，对调节基因的转录有一定的作用。

◎DNA 的分子结构的特点

DNA 结构的发现是科学史上一个具有传奇性的"章节"，而且它的传奇性是举世无双的。发现 DNA 结构在历史上具有划时代的意义，但发现它的方法是模型建构法，模型建构法就像小孩子拼图游戏一样的"拼凑"法。可以说沃森和克里克在这场"拼凑"中表现得最出色。DNA 分子有三个特性，这三个特性分别是稳定性、多样性和特异性。

在沃森和克里克提出 DNA 螺旋结构的初步构想以后，1953 年沃森和克里克又发表了论文《核酸的分子结构模型——脱氧核核酸的一个结构模型》。

DNA 分子结构的特点：

1. DNA 分子是由两条反向平行的脱氧核苷酸长链盘旋成的双螺旋

结构。

2. DNA 分子中的脱氧核糖和磷酸交替连接，排列在外侧，构成了基本骨架，碱基在内侧。

3. 两条链上的碱基通过氢键连结起来，形成碱基对，并且遵循碱基互补配对原则。

◎DNA 的双螺旋结构

发现双螺旋模型的意义就在于它是 DNA 分子的结构探明的标志，它的意义还在于它还揭示了 DNA 的复制机制，这个揭示是非常重要的，因为由于腺嘌呤（A）总是与胸腺嘧啶（T）配对、鸟嘌呤（G）总是与胞嘧啶（C）配对，这说明两条链的碱基顺序是彼此互补的，只要确定了其中一条链的碱基顺序，另一条链的碱基顺序也就确定了。因此，要想复制出另一条链条只要以其中的一条链为模板，然后合成复制，最后就能出现另一条链。

DNA 双螺旋结构特点：

1. 两条 DNA 互补链反向平行。

2. 由脱氧核糖和磷酸间隔相连而成的亲水骨架在螺旋分子的外侧，而疏水的碱基对则在螺旋分子内部，碱基平面与螺旋轴垂直，螺旋旋转一周正好为 10 个碱基对，螺距为 3.4 纳米，这样相邻碱基平面间隔为 0.34 纳米并有一个 36°的夹角。

3. DNA 双螺旋的表面有两个沟，一个是大沟，另一个是小沟，蛋白质分子就是通过这两个沟与碱基相互识别的。

4. 两条 DNA 链依靠彼此碱基之间形成的氢键而结合在一起，根据碱基结构特征，只能形成嘌呤与嘧啶配对，即 A 与 T 相配对，形成 2 个氢键；G 与 C 相配对，形成 3 个氢键。因此 G 与 C 之间的连接较为稳定。

5. DNA 双螺旋结构比较稳定，要想维持这种稳定性，就必须靠碱基对之间的氢键来进行维持。

※ 双螺旋结构

▶知 识 窗

·关于 DNA 的物理性质·

　　DNA 是高分子聚合物，DNA 溶液为高分子溶液，具有很高的粘度，可被甲基绿染成绿色。DNA 对紫外线有吸收作用，当核酸变性时，吸光值升高；当变性核酸恢复时，吸光值又会恢复到原来水平。另外温度、有机溶剂、酸碱度、尿素、酰胺等试剂都可以引起 DNA 分子变性，即使得 DNA 双键间的氢键断裂，双螺旋结构解开。

拓展思考

　　1. DNA 是遗传物质，那蛋白质是吗？为什么？
　　2. DNA 分子的空间结构是什么样子？

青少年应该知道的生物百科知识

细胞核

Xi Bao He

通常意义上，系统的控制中心就是细胞核。细胞核具有三种作用，它的作用分别是在细胞的代谢、生长、分化中扮演者非常重要的角色，细胞核是遗传物质的主要存在部位。尽管细胞核的形状多种多样，但是它的基本结构却大致相同，即它的主要结构是由核膜、染色质、核仁和核骨架四部分构成。

◎ 细胞核的组成部分

1. 核被膜就是由双层膜组成的：它的用处主要是将细胞核物质同细胞质分开，核被膜核膜和核膜下面的核纤维共同组成了核被膜。核被膜有两层组成，一层是外膜，另一层是内膜。

2. 似液态的核质：核质里面含有可溶性的核物质；

3. 核基质。核基质是构成细胞核骨架网络的基础；也就是说是核中除染色质与

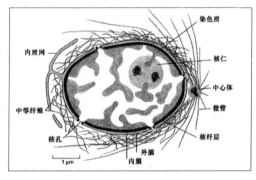

※ 细胞核

核仁以外的成分，包括核液与核骨架两部分。核液含水、离子、HE 酶类等无机成分；核骨架就是由多种蛋白质形成的三维纤维网架，也就是说它与核被膜核纤层相连，对核的结构具有支持作用。它的生化构成与其他可能的作用也在研究中。

4. DNA 纤维。DNA 纤维展开存在于细胞核中时的情况，组成致密结构时称为染色体。

◎ 细胞核的功能

细胞核的功能主要有两个，一个是发育，另一个是遗传。遗传表现

为通过 DNA 染色体的复制和细胞的分裂，维持物种的世代连续性。物质储存和复制是通过遗传来进行的，是在它的基础上形成的。从细胞核的结构可以看出，细胞核中最重要的结构是染色质，染色质的组成成分是蛋白质分子和 DNA 分子，而 DNA 分子又是主要遗传物质。遗传物质要想向后代传递就必须先在核中进行复制。发育是通过调节基因表达的时空顺序，进而控制细胞的分化，最终完成个体发育的使命。

细胞核在细胞中起着控制的作用，并且细胞核是中心，它在细胞的代谢、生长、分化中起着重要作用，是遗传物质的主要存在部位。通常情况下，真核细胞是不能没有细胞核的，如果真核细胞没有了细胞核，很快这个真核细胞就不会存在，但不一样的是红细胞失去核后还能继续生存，它还能存活 120 天；还有一种就是植物筛管细胞，它在失去核后，能活上几年。

知识窗

·染色体与染色质的区别·

染色质和染色体在化学成分上并没有什么不同，而只是分别处于不同的功能阶段的不同的构型。

染色质是指间期细胞内由 DNA、组蛋白和非组蛋白及少量 RNA 组成的线形复合结构，是间期细胞遗传物质存在形式。固定染色后，在光镜下能看到细胞核中经许多粗或细的长丝交织成网的物质，从形态上可以分为常染色质和异染色质。常染色质呈细丝状，是 DNA 长链分子展开的部分，非常纤细，染色较淡。异染色质呈较大的深染团块，常附在核膜内面。染色体是指细胞在有丝分裂或减数分裂过程中，由染色质缩聚而成的棒状结构。

拓展思考

1. 生物体性状的遗传是由细胞核控制还是由细胞质控制？
2. 总结一下细胞核的功能在哪里？

◎细胞壁的特点

　　细胞壁就是细胞的外层，它在细胞膜的外面，根据细胞内核结构分化程度的不同，细胞大体上有两大类型，一类是原核细胞，另一类是真核细胞。植物、真菌、藻类和原核生物都具有细胞壁，而动物细胞不具有细胞壁。

　　细胞壁具有保护和支持的作用，可保持细胞的形状，细胞壁还与植物细胞的吸收，蒸腾和物质的运输有关。细胞壁又分为初生壁和次生壁。胞间层把相邻细胞粘在一起形成组织。初生壁在胞间层两侧，所有植物细胞都有。次生壁在初生壁的里面，又分为外、中、内共三层，在内层里面，有时还可出现一层。这样的厚壁，水分和营养物就不能通过。有些植物的次生壁上具瘤层，还分化有特殊结构，如纹孔和瘤状物等。纹孔是细胞间物质流通的区域，而瘤状物则是次生壁里层上的突起。保护细胞，使其免受由于渗透压的变化而引起的细胞破裂，维持其固有形态；细胞壁还有一个特点，就是它有很多的孔，所以，水和直径小于1纳米的物质都能自由通过细胞壁，这就是说细胞壁具有一定的通透性和机械阻挡作用；它与细胞膜共同完成菌体内外物质的交换。

◎细胞壁的功能

　　细胞壁就是初生壁细胞在分裂以后，最初由原生质体分泌形成的。细胞壁存在于所有活的植物细胞。细胞壁一般在胞间层的里面。它一般情况下都是比较薄的，大约只有1～3微米厚，因此说它具有较大的可塑性一点也不为过。细胞壁不仅使细胞保持一定的形状，最主要的是它还能随细胞生长而延展。细胞壁主要有三种成分，分别是纤维素、半纤维素，结构蛋白。细胞在形成初生壁后，如果不再有新的壁层积累，初生壁便是它们的永久的细胞壁，如薄壁组织细胞。次生壁部分植物细胞在停止生长后，其初生壁内侧继续积累的细胞壁层，位于质膜和初生壁之间。主要成分为纤维素，并常有木质存在。通常较厚，约5～10微米，而且它非常坚硬，它让细胞壁具有很大的机械强度。大部分的具次生壁的细胞在长到一定的程度时，那么原生质体就会脱离开，最后将不会存在。

典型的具次生壁的细胞有两种，一种是纤维，另一种是石细胞。在做植物原生质体培养时，常用含有果胶酶和纤维素酶的酶混合液处理植物组织，以破坏胞间层和去掉细胞的纤维素外壁，得到游离的裸露原生质体。初生壁的主要成分主要有哪些呢？它的主要成分是纤维素，半纤维素和果胶。次生壁在初生壁的里面，是在细胞停止生长后分泌形成的。次生壁有一种功能，就是它具有增加细胞壁的厚度和强度的功能，这种功能使病原物多糖降解酶很难正面攻击到它，但并不是所有的生物都具有这种功能，也就是有的细胞具有次生壁，有的细胞却没有次生壁。

上面说到了细胞壁上有孔，那么细胞壁上的纹孔究竟是怎样形成的呢？细胞壁上的纹孔是因为在细胞生长过程中，初生壁随着细胞的生长而不断伸展，但壁的增厚是不均匀的，形成了许多壁薄的区域，就把这种区域叫做初生纹孔场；细胞在产生次生壁的过程中，增厚也不均匀，一般在初生纹孔场的部位不再加厚，细胞壁上就形成纹孔的

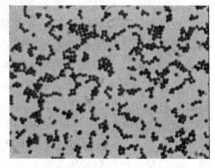

※ 细胞壁

结构。相邻细胞壁上的纹孔常对应地形成纹孔对。细胞壁的纹孔有单纹孔和具缘纹孔两种。通常有许多胞间连丝从纹孔通过，胞间连丝又与细胞质中的内质网连接，从而沟通细胞间的物质交流，有利于水分的运输。因此，细胞壁上的纹孔是细胞间联系的通道，使整个植物体在生命活动中能成为有机的统一体。所有植物细胞都有初生壁，位于在胞间层两侧。初生壁具有维持细胞的均衡，使机体可以保持足够的水分。

▶ 知识窗

· 长时间打电话的害处 ·

别以为只有运动过量才会遭遇"网球肘"！如果你长时间打电话，肘部绷得太紧，肘关节神经一样会受到伤害，这时你会感到下臂疼痛、肘关节活动不利，电脑操作速度也会被大大影响！因此建议你在打电话时尽量戴上耳机！

拓展思考

1. 细胞壁有什么作用？
2. 细胞壁与细胞核有哪些联系？

第三章　生物的生殖、遗传、变异和进化
SHENGWUDESHENGZHI、YICHUAN、BIANYIHEJINHUA

细胞膜

Xi Bao Mo

◎细胞膜的特点

细胞膜是一种屏障，因为它可以防止细胞外的物质自由进入细胞，正是它的这种屏障功能保证了细胞内环境的相对稳定，并且使各种生化反应在一定的环境下按照规律运行。但是细胞要发挥它的屏障作用，还是需要与周围的环境进行信息、物质与能量的交换，只有这样才能完成细胞特定的生理功能。因此细胞必须具备一套物质转运体系，用来获得所需物质和排出代谢废物，根据科学上的估计，细胞膜上与物质转运有关的蛋白占核基因编码蛋白的15％～30％，细胞用在物质转运方面的能量达细胞总消耗能量的2/3。从最初的低等生物草履虫到后来的高等哺乳动物的各种细胞，它们都具有类似的细胞膜结构。

◎细胞膜的形成

细胞膜是一开始就存在的，它是从少到多发展的。也就是说，概念上的膜的形成，是膜组织增多的过程。蛋白质由核糖体合成，并进一步转移到内质网中进行后期加工，而运送出去则是由内质网产生小泡转送。而内质网小泡的化学组成与细胞膜基本一样（它们都属于生物膜系统），含有磷脂。细胞膜有细胞质膜和内膜两种。细胞质膜能将细胞内环境与细胞外环境进行区分，而对于真核细胞内膜则形成了区室化的细胞器。各种膜性结构主要由脂质、蛋白质和糖类等物质组成；虽然说不同来源的膜中的各种物质的比例和组成都不会相同，但是，通常情况下都是以蛋白质和脂质为主，糖类只占一小部分。

细胞膜上有两类主要的转运蛋白，这两种转运蛋白分别是载体蛋白和通道蛋白。载体蛋白还可以解释为载体通透酶和转运器能够与特定溶质结合，通过自身结构的变化，将与它结合的溶质转移到膜的另一侧的一种物质，有的载体蛋白需要能量驱动，像各类APT驱动的离子泵；但是有的则不需要能量，这一部分载体蛋白是通过自由扩散的方式来运输物质的，比如，缬氨霉素。通道蛋白和载体蛋白不同，它和所转运物质的结合时表

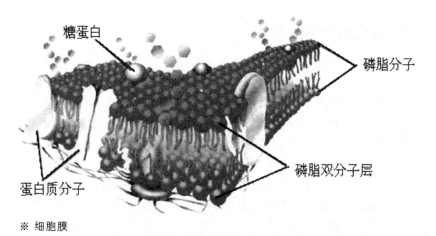

糖蛋白

磷脂分子

磷脂双分子层

蛋白质分子

※ 细胞膜

现的较弱，它能形成一种通道，这种通道叫做亲水通道，这种通道有一定的用处，因为当通道打开时能允许特定的溶质通过，所有的通道蛋白均以自由扩散的方式来运输溶质。

◎功能

细胞膜具有维持细胞的结构完整性，保护细胞内成分的作用，膜结构中的蛋白质，具有不同的分子结构和功能。生物膜所具有的各种功能，在很大程度上决定于膜所含的蛋白质；细胞和周围环境之间的物质、能量和信息交换，大都与细胞膜上的蛋白质分子有关。物质跨膜运输细胞膜是细胞与细胞环境间的半透膜屏障。对于物质进出时，细胞膜有选择性调节作用。它还具有信息跨膜传递的功能，质膜的重要功能就是信息跨膜传递。质膜上的各种受体蛋白好像有人类的感觉，因为它能感受外界各种化学信息，在它把信息传入细胞后，胞内就会发生各种生物化学反应和生物学效应。信息传递的大致情形就是外源性刺激直接传给膜上受体，其次经酶的调控产生信号，最后激发酶的溶性显示出生物学效应。

通俗上来讲，是细胞膜把细胞包裹起来，它使细胞能够保持相对的稳定性，进而维持正常的生命活动。此外，细胞膜的作用还有很多，因为细胞所必需的养分的吸收和代谢产物的排出都必须通过细胞膜才能进行。大多质膜上还存在激素的受体，抗原的结合位点以及其他有关细胞识别的位点，所以，质膜在激素作用，免疫反应和细胞通讯等方面起着非常重要的作用。细胞表面的生位点有绒毛、纤毛、鞭毛三个部分。

◎细胞膜结构的特征

　　细胞膜不仅能通过选择性渗透来调节和控制细胞内、外的物质交换外，同时它还可以以"胞吞"和"胞吐"的方式进行物质交换，它是通过这些途径来帮助细胞从外界环境中摄取液体小滴和捕获食物颗粒，供应细胞在生命活动中对营养物质的需求。有些细胞间的信息交流并不是靠细胞膜上的受体来实现的，比如某些细胞分泌的甾醇类。细胞膜具有六种特征，这六种特性分别是蛋白质极性、相变性、更新态、镶嵌性、流动性和不对称性。它的这些特征又具有各自的特点。其中，相变性随着环境条件的变化，脂质分子的晶态和液晶态是互变的。更新态是指在细胞中，膜的组分处于不断更新的状态。物质可以作为信号，与其他细胞进行信息交流，但是这些物质并不是和细胞膜上的受体结合的，而是穿过细胞膜，与细胞核内或细胞质内的某些受体相结合，从而进行两个细胞间的信息交流。所以从这个方面来说，细胞膜的生理作用即是如此，实际上，它最本质的作用还是用来保护细胞。

知 识 窗

·晚上吃洋葱会失眠·

　　《黄帝内经》中有"胃不合则卧不安"的说法，如果晚餐选择不对，你很可能在漫漫长夜辗转反侧！而洋葱气味辛辣，属胀气食物，如果在晚餐中吃太多洋葱，你很容易感到腹部胀气，从而导致睡眠质量降低！

拓展思考

1. 什么是细胞膜？
2. 细胞膜有哪些特点？

青少年应该知道的生物百科知识

细胞周期

Xi Bao Zhou Qi

生命是一个过程，这个过程就是从一代向下一代传递的连续过程，因此可以说生命是一个不断更新、不断从头开始的过程。细胞的生命从开始到死亡经历了它的母细胞的分裂，然后是它的子细胞的形成，也就是说细胞的自身死亡。通常将通过细胞分裂产生的新细胞的生长开始到下一次细胞分裂形成子细胞结束为止所经历的过程称为细胞周期。细胞周期也是一个过程，它是指细胞从这一次分裂结束起到下一次分裂结束为止的活动的一个过程，细胞周期分为间期与分裂期两个阶段。

细胞内的各组成部分在不断发展变化的基础上还要不断增殖，这是为了产生新细胞，以代替衰老、死亡和创伤所损失的细胞，这是机体新陈代谢的表现，也是机体不断生长发育、赖以生存和延续种族的基础。细胞以分裂的方式进行增殖，每次分裂后所产生的新细胞必须经过生长增大，才能再分裂。现在科学上一般把细胞增殖必须经过生长到分裂的过程叫做细胞周期。

细胞周期是在 20 世纪 50 年代发现的，它的发现是细胞学上的一件影响深远的事件。在这之前认为有丝分裂期是细胞增殖周期中的主要阶段，而把处于分裂间期的细胞视为细胞的静止阶段。1951 年，霍华德等人用 P—磷酸盐标记了蚕豆根尖细胞，通过放射自显影研究根尖细胞 DNA 合成的时间间隔，观察到 P 渗入不是在有丝分裂期，而是在有丝分裂前的间期中的一段时间内。发现间期内有一个 DNA 合成期，P 只在这时才掺入到 DNA；S 期和分裂期之间有一个间隙无 P 掺入，称为 G2 期，在 M 期和 S 期之间有另一个间隙称为 G1 期，G1 期也不能合成 DNA。

机体调节系统也对细胞周期具有一定的影响，例如，肝再生就是由调节系统的作用加速肝细胞增殖。但是肿瘤细胞，由于宿主失去对它的调控，因而恶性增殖。在肿瘤治疗中可应用细胞周期的原理，假如在这个过程中细胞对化疗不敏感，这常常就是日后癌症复发的根源，所以，我们可通过调控机理的研究，诱发期癌细胞进入细胞周期，再合理用抗癌药物加以杀灭，这是防止癌转移和扩散的重要调控措施，同时它还是细胞动力学中有理论意义和实践意义的一项研究议题。

▶ 知 识 窗

·胃口不好的一个原因·

日本早稻田大学医学院的健康报告指出，食欲好坏与鞋子大小有关！由于脚上汇集着6条经脉，直接影响内脏器官的神经反应。当鞋挤脚时，足部血液循环受阻，摄食中枢供血不足，你会感到胃口不好、食欲下降！

拓展思考

1. 细胞周期分为哪几个周期？
2. 细胞周期的间期有哪些特点？

青少年应该知道的生物百科知识

生物——植物

　　植物是生物圈中不可缺少的一族。它出现在距今二十五亿年前，地球史上最早出现的植物属于菌类和藻类，其后藻类一度非常繁盛。直到四亿三千八百万年前，绿藻摆脱了水域环境的束缚，首次登陆大地，进化为蕨类植物，为大地首次添上绿装。三亿六千万年前，蕨类植物绝种，代之而起的是石松类、楔叶类、真蕨类和种子蕨类，形成沼泽森林。古生代盛产的主要植物于二亿四千八百万年前几乎全部灭绝，在裸子植物开始兴起以后，渐渐地，植物进化出花粉管，并完全摆脱对水的依赖，形成茂密的森林。一亿四千五百万年前被子植物开始出现，于晚期迅速发展，代替了裸子植物，形成延续至今的被子植物时代。我们现在常见的松、柏，甚至像水杉、红杉等，都产生于这一时期。

生物圈中的绿色植物

Sheng Wu Quan Zhong De Lu Se Zhi Wu

绿色植物联系着生物圈中的大部分生物，可以说它是生物圈中的纽带，它的叶、茎中的叶绿素能进行光合作用，其实质是将二氧化碳转化成糖类时放出氧气及能量。主要是氧气、食物和能源。众所周知，动物要消耗氧气呼出二氧化碳，只有绿色植物进行光合作用带来氧气来使地球大气中的氧气在一个平衡的状态下，人类的食物绝大多数直

※ 绿色植物

接（粮食蔬菜水果）或间接（肉类）来自植物，新能源中的最多的几种像石油、煤炭、天然气也主要来自远古植物，此外，植物的作用还有很多，与我们的生活最相关的是，木材可以让我们有漂亮居室居住，棉麻让我们有漂亮的衣服穿，还有很多植物还可以直接入药或从中提取有效成分制成药物，一句话，绿色植物在生物的生活中是不能被取代的，它维系着生物生活的各个方面。

为什么说绿色植物是生态平衡的支柱呢？因为植物能净化污水，能消除和减弱噪声，能耐旱固沙，能耐盐碱、耐涝，能监测二氧化硫、氟、氯、氨等的污染。

生物圈中的绿色植物有四类：按从低到高的顺序可以把绿色植物分为藻类植物、苔藓植物、蕨类植物和种子植物，其中藻类、苔藓、蕨类植物都是孢子植物，种子植物是靠种子来繁殖的，所以种子植物又分为裸子植物和被子植物。

现在地球上生活着许许多多的绿色植物，那么它们的老祖宗是谁呢？地质史的研究告诉我们，是蓝藻。它是地球上最早出现的绿色植物。已知最早的蓝藻类化石，发现在南非的古沉积岩中。这是 34 亿年前，在地球上已有生命的证据。

蓝藻的出现标志着植物进化史进入了一个飞跃的发展阶段。因为蓝藻含有叶绿素，能制造养分和独立进行繁殖。现在地球上的郁郁葱葱的树木，茂盛的庄稼，美丽多姿的花朵，它们最初都是低等的藻类，它们都是经过几亿几十亿年的进化，由最初的藻类发展到现在的高等的植物。

1. 绿色植物的叶

绿色植物典型的叶由叶片、叶柄和托叶三部分组成。叶片是叶的最重要的部分，一般为薄的扁平体，这一特征与它的生理功能光合作用相适应。在叶片内分布着叶脉，叶脉具有支持叶片伸展和输导水分与营养物质的功能。叶脉是进行光合作用的主要器官。

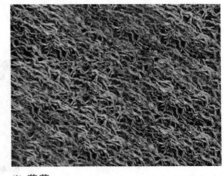

※ 蓝藻

2. 绿色植物的根

植物的根主要起着固基和吸收的作用，同时还有合成和贮藏有机物质，以及进行营养繁殖的功能。根上不生长叶和花，它虽然和茎一样有分支，但分支（侧根）来源不同。藻类和苔藓植物是没有根的，之前的蕨类植物中最原始的松叶蕨、梅西蕨和古代最早的陆生化石莱尼蕨也没有真正的根，它们只在地下的根状茎上有具吸收功能的假根；大多数现存的蕨类植物、裸子植物和被子植物才具有真正根的结构。

3. 绿色植物的茎

绿色植物的茎具有输导营养物质和水分以及支持叶、花和果实在一定空间的作用。有的绿色植物的茎还能进行光合作用，除此之外，还具有贮藏营养物质和繁殖的功能。

知 识 窗

为了提高温室内作物的产量，温室内温度应怎样控制？

光合作用是制造有机物，呼吸作用是分解有机物，当光合作用制造的有机物大于呼吸作用分解的有机物时植物体内的有机物就积累。植物的光合作用与呼吸作用都与温度有关，白天温度高，光合作用旺盛，制造的有机物多，晚上温度低，呼吸作用微弱，分解的有机物少，结果植物体内积累的有机物就多。

拓展思考

1. 夏天中午的时候，光合作用都不强，其原因是什么？

2. 绿色植物是生态系统中的生产者吗？为什么？

种子的萌发

Zhong Zi De Meng Fa

在条件适宜的条件下，种子就会萌发，新的生命就会开始生长。种子最重要的组成部分就是它的胚，而胚都是有生命的。植物的种子类型有两种，一种是双子叶植物种子，另一种是单子叶植物种子。

种子从吸胀作用开始的一系列有序的生理过程和形态发生过程就叫做种子萌发。种子的萌发需要适宜的温度，一定的水分，

※ 种子的萌发

充足的空气。种子萌发时，首先是吸水。种子吸水后使种皮膨胀、软化，可以使更多的氧透过种皮进入种子内部，同时二氧化碳透过种皮排出，里面的物理状态发生变化；然后空气也是种子萌发的一个前提条件，因为只有种子不断地进行呼吸，得到能量，才能保证生命活动的正常进行；温度的适宜也是不可少的，因为温度过低，光合作用就会大大减弱，因此，种子内部营养物质的分解和其他一系列生理活动，都需要在适宜的温度下才能进行。

◎种子的结构

1. 菜豆种子

菜豆种子属于双子叶植物，菜豆的种子包括种皮（起保护作用）和胚（新植物体的幼体）组成。

2. 玉米种子

玉米种子是单叶植物种子，它的种子是由果皮、胚乳和胚三部分组成。果皮是起保护作用的，而它的胚乳主要是储存营养物质。

◎种子萌发的条件

种子萌发必须具备两个条件，这
两个条件分别是外界条件和自身条
件。在外界条件中要有适宜的温度，
水分和充足的空气；关于自身的条
件，种子的胚必须是完整的而且要是
活的，而且种子是没有休眠期的。

※ 种子

◎种子萌发的过程：

种子萌发是经过一系列的过程
的，它的最主要的过程是胚恢复生
长和形成一株独立生活的幼苗，所
有有生命的种子，当它已经完全后熟，脱离休眠状态之后，在适宜条件
下，都能开始它的萌发过程，继之以营养生长。种子萌发具体来说要具备
4 个条件，分别是水分、温度、氧气和光。

种子萌发的第一个条件是水分，为什么说水分会是第一个条件呢？因
为种子吸水后会使种子中的贮藏性凝胶质产生很大的膨胀压力，能够胀破
坚硬的种皮，使原先处于封闭式种皮内的种胚能和外界的萌发条件相接
触，活跃其新陈代谢过程。水分进入种子后，能溶解一些贮藏物质，使之
成为种胚能够利用的养料。随着种子吸水量的增加，种胚的细胞开始增
大，胚被活化，由此诱导赤霉素的形成。在后者进入胚乳的糊粉层以后，
即诱发各种水解酶的形成和活动。如淀粉酶水解淀粉为糖，核酸和蛋白酶
水解核酸和蛋白质，水解中释放的游离细胞分裂和生长，加速细胞成分的
合成代谢过程。细胞在充分吸水后，主要是利于在种子萌发过程的主要生
理作用。

适宜的温度对促进种子的吸水速度是非常有帮助的，并使酶在激活过
程中的呼吸作用加强，使贮藏的养分很快变成胚能利用的可溶性状态。不
同的植物种子它们所需的温度也不同，一般情况下，很多种子萌发的最适
宜温度约为 22℃～25℃。

由于植物的种子不同，因此它们萌发对氧的要求也是有很大的区别
的。比如，像水稻的种子能够在无氧状态下发芽，同时它还能在水下发
芽，但是不同的是小麦和许多作物种子在半浸没水中时是不能发芽的，像
那些能耐长期浸水的沼泽树木的种子只有让它们展露在空气中时才能

萌发。

种子萌发的必要条件是氧气，这首先与种子萌发必须伴随旺盛的呼吸代谢有关。在呼吸过程中，种子贮藏物质中的碳氢化合物必须在有氧的条件下才能氧化分解，转化为合成代谢的中间物质和提供生理活动所需的能量。此外，氧的充分供应又能相对降低萌发时细胞旺盛呼吸过程中排出的二氧化碳，在二氧化碳

※ 种子

的浓度达到 17％时，就会抑制种子的萌发，因此，在栽培室的二氧化碳达到 35％时，就会使种子窒息死亡就不会发芽。

光虽然不是所有种子萌发必需的条件，但它对一些需光性种子则是必需的条件。对于需光性种子，应用 660 纳米的红光短期照射就可以满足其对光的需要。光可以改变种皮的透性，能提高种子中某些酶和生理活性型的光激素的含量，同时需要某些光化学过程以消除短日照下形成的萌发抑制剂，以及提高生长素的含量。总体来说，光具有推动或促进这类种子的新陈代谢的作用。

▶ 知 识 窗

· 种子的休眠期是什么？ ·

植物体或其器官在发育的过程中，生长和代谢出现暂时停顿的时期。通常是由内部生理原因决定的，种子、茎、芽都可处于休眠状态。植物体或其器官具有一定的休眠期，是有其意义的，特别是生活在冷、热、干、湿季节性变化很大的气候条件下，能使植物体渡过不良环境。对于一些植物，如马铃薯、洋葱、大蒜，用人工方法，延长其休眠期，则有利于贮存。但种子的休眠期过长又会影响农业生产，因此需要用不同方法，解除种子休眠，以保证适时播种，不误农时。

▌拓展思考▐

1. 炒熟的花生置于适宜的外界条件下，仍然不发芽，为什么？其原因是什么？

2. 农民利用塑料大棚种植经济作物，可以达到提前播种，提前收获的目的。从种子萌发考虑，塑料大棚的主要作用是什么？

青少年应该知道的生物百科知识

植物的生长

Zhi Wu De Sheng Zhang

植物为什么会生长呢？植物的生长过程都分为哪些部分呢？植物为什么会从一颗种子发展到最后开花结果呢？

※ 植物的生长

大自然就是这样神奇，在适宜的环境下一粒种子就能发育成一株植物，而且最后能结出许多种子。绿色开花植物通过种子繁衍后代。植物都有自己的生命周期，绿色开花植物一生中会经历种子萌发期、幼苗期、营养生长期和开花结果期。

在植物的生长过程中，花要经过花开花谢的过程，花凋谢之后结果。其实植物的根也是具有生长的过程的，植物对重力发生的反应就说明了植物的根在生长。

◎花的构造

一朵完整的花由花萼、花冠、雄蕊、雌蕊四部分组成，花萼由萼片组成，花冠由花瓣组成。花萼和花冠合称花被，是花的外层部分；雄蕊和雌蕊合称花蕊，是花的中心部分。花被和花蕊着生在花托上，它是呈螺旋状或轮状排列的。

花的最外一层是花萼，它是由一定数目的萼片组成。一般为绿色薄片，构造跟叶相似。大多数植物的萼片各自分离，叫离萼；也有一些植物的萼片连在一起，叫合萼。花萼通常为一轮，也有两轮的，外轮的花萼叫副萼。花萼一般早落，那些在花谢后仍保留在果实上的，叫宿萼。花萼是包在花的外面的，因此它有保护幼花的作用。

花冠由若干花瓣组成。一轮或多轮排列在花萼内。花瓣具有鲜艳的颜色，构造也跟叶相似。花瓣或者分离，或者以不同的程度互相连合，花瓣全部分离的花冠叫离瓣花冠；花瓣全部或基部合生的花冠叫合瓣花冠。花冠的形状是非常多的，常见的有以下几种：蔷薇状、十字状、辐状、坛状、高脚碟状、钟状、漏斗状、唇状、碟状、管状、舌状等。

花被的外面是雄蕊，雄蕊是花的雄性生殖器官，它是由花丝和花药组成。花丝通常呈丝状，着生在花托上。一般一朵花中花丝是等长的，但也有些植物，花丝长短不等，像十字花科植物，每朵花有 6 个雄蕊，外轮的两个较短，内轮的 4 个较长。花丝是起支持作用的，并能使花药向外伸展。花药则生在花丝顶端。在花药中有花粉囊，花粉囊的里面有花粉。花粉成熟后，花粉囊裂开，放出花粉。雄蕊的数目各科植物不尽相同。有些科的植物雄蕊数目多而不定，但大多数科的植物雄蕊数目少，而且有定数。雄蕊通常分离，但也常做各式连合。把那种花丝连合而花药分离的叫单体雄蕊或多体雄蕊；把那种花丝分离而花药连合的叫聚药雄蕊。

※ 花

花的中央是雌蕊，雌蕊是花的雌性生殖器官。单雌蕊就是指那些花只有一个雌蕊，像桃、大豆花的雌蕊。有的花有两个或两个以上的

※ 单性花

雌蕊，叫复雌蕊，大多数被子植物的雌蕊是复雌蕊。由柱头、花柱、子房三部分组成。基部膨大呈囊状的部分叫子房，子房上部的长颈叫花柱，花柱顶端略为膨大的部分叫柱头。柱头有各种各样的不同的形状，像球状、圆盘状、棒状、星状、羽毛状等一些形状就是常见的柱头的形状。

单性花就是那些一朵花中只有雄蕊或只有雌蕊的花，它是被子植物花的一类，与两性花相对。又分"雌雄同株"和"雌雄异株"两种情况。前者如玉米、葫芦科植物；后者如杨柳科植物等，广义也包括裸子植物的袍子叶球，如银杏即为雌雄异株。

▶ 知 识 窗

·双性花·

　　双性花也可称为两性花，两性花是指被子植物的一朵花中，同时具有雌蕊和雄蕊。

　　两性花为单性花的对应词，有时也称为完全花（完全花一般指花萼花冠俱全）。在被子植物最普通的花中常可看到两性花（如樱花、蔷薇、百合等）。像小麦和桃的花都是两性花，但南瓜和丝瓜的花就是单性花。你知道西瓜开双性花是因为什么吗？是由于特殊的气候条件所形成的。

※ 双性花

| 拓展思考 |

　　1. 植物是如何生长的？

　　2. 植物和动物结构的区别是什么？

植物的果实

Zhi Wu De Guo Shi

植物的果实也是种子植物所特有的一个繁殖器官，它具体是怎样形成的呢？它是由花经过传粉、受精后，雌蕊的子房或子房以外与其相连的某些部分，迅速生长发育而成的。子房壁发育为果皮，并分为外果皮、中果皮、内果皮三层。有些植物的三层果皮比较明显，比如桃子的三层果皮就是非常明显的，它的外果皮薄而柔软，中果皮多汁，也就是我们经常吃到的部分，它的内果皮具有凹凸不平的硬木质，也就是最熟悉的核。

植物从开花到结果，都需要一个过程。那么植物的果实有哪些呢，它可以分为单果、聚合果和聚花果。单果就是一朵花中仅有一个雌蕊形成的。

那些由结合的两个心皮形成的果实。原为一室，后来由于心皮边缘合生处向中央生出一隔膜，将子房分为二室，这一隔膜称假隔膜。果实成熟后，果皮从二侧裂开，成二片脱落，只留假隔膜在果柄上，种子附在假隔膜上。角果也有两种，一种是长角果，另一种是短角果，长角果是非常奇怪的，它的长超过宽好多倍，而短角果的长宽近于相等。

※ 植物的果实

角果是十字花科植物特有的果实，比如，由三枚结合的心皮所形成的一种特殊形态的浆果。果实的肉质部分是由子房的花托共同发育而成，内含许多种子，瓠果是葫芦科植物所特有的果实。由一心皮或数枚结合的心皮形成的果实。含种子一个或数个，外果皮极薄，中果皮、内果皮肉质化，浆汁很丰富，种子存于果肉内的浆果。由多枚结合的心皮与花托、花萼的基部共同形成。花托和外果皮，外果皮和中果皮均无明显界限。内果皮由木质化的厚壁细胞所组成，呈皮纸状的梨果。由两个或两个以上结合的心皮形成的一种不开裂的果实。梨果的果实成熟后，它的外果皮是坚硬的木质，而且它的果皮是干燥的，在它的果皮中还含有种子的坚果。

　　什么样的植物既不开花也不结果呢？藻类、苔类、藓类、蕨类。它们大都生长在水边，没有真正的根。裸子植物是不开花植物中较先进的一种。裸子植物就是种子裸露在外，而没有果实加以保护的植物。由于裸子植物不具备子房，所以裸子植物不能发育，不能再开花结果的，但有人会说到裸子植物的果实，其实裸子植物的果实指的是它的种子。

被子植物

Bei Zi Zhi Wu

◎被子植物的起源

现在很多数学者认为被子植物起源于白垩纪或晚侏罗纪，但是也有学者研究发现，被子植物最早起源于白垩纪。这个观点已在 1999 年第 16 届国际植物学大会上引起关注。究竟被子植物来源于何地呢，迄今为止，还是没有人能说明它的起源，一直都有许多学者致力于这方面的研究，他们一直都在不断地提问，不断地研究，所以形成了许多种说法。现今，本内苏铁和种子蕨这两种假说是最让人关注的。

※ 被子植物

◎被子植物的特征及分类

被子植物具有哪些特征呢？它是植物界进化最高级、种类最多、分布最广的类群。被子植物可以划分为单子叶植物纲和双子叶植物纲。双子叶植物纲分为 6 个亚纲，64 目，318 科，约 165 000 种植物。常见的木兰科、葫芦科、杨柳科等；单子叶植物纲的胚内具有一片子叶，主根不发达，常为须根系，茎内的维管束散生，无形成层，叶常具平行脉，花部常是 3 基数，极少是 4 基数，它的花粉常具单个萌发孔。单子叶植物纲有 5 个亚纲，19 目，65 科，约 50 000 种，像禾本科、百合科兰科等就是单子叶植物纲。

被子植物的特征：

1. 具有雌蕊

一般被子植物都具有雌蕊，雌蕊是由心皮所组成的，包括子房、花柱和柱头三部分。胚珠包藏在子房内，得到子房的保护，避免了昆虫的咬噬和水分的丧失。子房在受精后发育成为果实。果实具有不同的色、香、味，多种开裂方式；果皮上常具有各种钩、刺、翅、毛。果皮所具有的这些特征有利于保护种子成熟，同时帮助种子散布，在这两方面具有重要的作用，同时，它们的进化意义也是非常明显的。

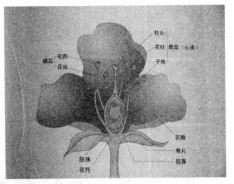

※ 被子植物的花

2. 具有双受精现象

什么是双受精现象呢？两个精细胞进入胚囊以后，1 个与卵细胞结合形成合子，另 1 个与 2 个极核结合，形成 3n 染色体，发育为胚乳，幼胚以 3n 染色体的胚乳为营养，它能让新植物体内的矛盾增大，因而获得更强的生活力。这样一种现象就是双受精现象。所有的被子植物都拥有双受精现象，也就是说它们都能够进行双受精，这也有力地说明了它们有共同的祖先。

3. 孢子体发达，配子体进一步退化

被子植物的孢子体在形态、结构、生活型等方面，相对来说比其他各类植物具有更完善化、多样化的性质，有世界上最高大的乔木，如杏仁桉，高达 156 米；也有微细如沙粒的小草本如无根萍，每平方米水面可容纳 300 万个个体。有重达 25 千克仅含 1 颗种子的果实，如王棕（大王椰子）；也有轻如尘埃，5 万颗种子仅重 0.1 克的植物如热带雨林中的一些附生兰；有寿命长达 6 千年的植物，如龙血树；也有在三周内开花结籽完成生命周期的植物（如一些生长在荒漠的十字花科植物）；因为不同的植物生长的环境不一样，因此有水生、石生和盐碱地生的植物；同时也有腐生、寄生的植物。在解剖构造上，被子植物的次生木质部有导管，韧皮部有伴胞。

◎被子植物的经济利用

被子植物是比较常见的，它和人类的关系也是密不可分的，像谷类、豆类、薯类、瓜果和蔬菜等这些人类的大部分食物都是被子植物。同时，被子植物还在许多方面有很大的用途，因为被子植物在建筑、造纸、纺织、塑料制品、油料、纤维、食糖、香料、医药、树脂、鞣酸、麻醉剂、饮料等这些方面发挥了重要作用，它为这些方面提供了原料。绿色植物具有调节空气和净化环境的重要作用。据报道，地球上的绿色植物每年能提供几百亿吨宝贵的氧气，同时从空气中取走几百亿吨的二氧化碳，因此说绿色植物为人类和一切动物的生存提供了物质基础。木材还可以为人类提供能源，由于中国的园林植物资源极为丰富，所以，中国一直以来都有"世界园林之母"的雅号，栽种花卉植物早就成了城市人们美化环境、调节空气和净化环境的一种重要时尚。因为被子植物与人类的生活息息相关。所以被子植物的用途也就完全体现出来了。

▶知识窗

·什么是寄生植物·

寄生植物就是没有叶绿素或者说有很少的叶绿素，这类植物中主要指腐生植物，它的种类主要是细菌和真菌，透明的水晶兰繁茂地生长在被分解的树叶上，真菌包围着它的根，并以消化森林中的枯枝落叶得来的养分来生长。

与这些腐生者相反的是许多寄生植物，它们只以活的有机体为食，从绿色的植物取得其所需的全部或大部分养分和水分。寄生植物具有寄生特征，主要是因为缺少足够叶绿素或因为某些器官的退化而成为寄生性的。

寄生植物具有的特性中，要数它们能适应寄生生活的特性和生理特征这两种特征最多。

|拓展思考|

1. 菊科植物的花的构造是怎么样的？
2. 什么是单子叶植物，什么是双子叶植物，它们的区别是什么？

青少年应该知道的生物百科知识

裸子植物

Luo Zi Zhi Wu

◎裸子植物的起源

裸子植物是种子植物中比较低级的一种，裸子植物具有颈卵器，能产生种子的种子植物。由于它们的胚珠外面没有子房壁，没有形成果皮，它们的种子是裸露的，所以把它们叫做裸子植物。

※ 银杏植物

◎裸子植物的主要特征

1. 孢子体发达

裸子植物的孢子体都是非常发达的，它们一般为多年生木本植物，大多数为单轴分支的高大乔木，有发达的主根，叶多为针形、条形或鳞片状，极少数为扁平的阔叶，它们的叶子常有明显的气孔带。

2. 胚珠裸露

裸子植物的花多为单性，孢子叶大多聚生成球果状，称为孢子叶球。

3. 具有颈卵器的构造

裸子植物不仅是颈卵器植物，而且还是种子植物，它的范畴是在蕨类植物和被子植物之间的一类植物。

4. 传粉时花粉直达胚珠

通常被子植物的花粉管需要先到柱头上，然后萌发，进而形成花粉管，最终到达胚珠。而裸子植物和被子植物在这点上是不同的，裸子植物的花粉粒经珠孔直接进入胚珠，在珠心上方萌发形成花粉管，进入胚囊，最后完成受精作用。

5. 具有多胚的现象

简单多胚现象是指大多数的裸子植物都具有多胚的现象，这是由于一个雌配子体上的多个颈卵器的卵细胞同时受精，形成多胚的一种现象；或者说裂生多胚现象，这种现象是一个受精卵在发育过程中，胚原组织分裂为几个胚的一个过程。

◎裸子植物的分类

裸子植物总共有 5 纲、9 目、12 科、71 属、约有 800 种。在我国有 11 科、41 属、236 种。5 纲分别是苏铁纲、银杏纲、松柏纲、红豆杉纲、买麻藤纲。

1. 苏铁纲

苏铁纲现在仅有 1 目 1 科，约 9 属（有人认为有 10 属）约 110 种。苏铁纲分为种子蕨目、苏铁目和本内苏铁目。现存的仅有苏铁目。我国仅有苏铁属 8 种。常见的是苏铁和华南苏铁等。雌雄异株。小孢子叶稍扁平，肉质，盾状，螺旋状紧密地排列成长椭圆形的小孢子叶球，生于茎顶。苏铁纲每个小孢子叶下面生有许多由 2～5 个小孢子囊组成的孢子囊群。大孢子叶被黄褐色茸毛分裂，基部呈柄状，柄的两侧生有 2～6 个胚珠。茎顶有郁郁葱葱的大孢子叶，这样就形成了疏松的孢子叶球。

因为苏铁类植物一般都是株型比较美丽的，它被人们广泛栽培用来观

※ 苏铁纲类植物

赏。它的茎内富含淀粉，这种淀粉叫做"西米"，这种西米能食用。苏铁类植物的种子含油，一般它的种子含有的油经常用来食用和药用，它的药用价值是有利于止痢、止咳、止血。

2. 银杏纲

银杏纲现存也是仅 1 目 1 科 1 属 1 种，银杏还有另外两个名字，它还叫白果树或公孙树，还是我国的特产。它的起源可以追溯到二叠纪，距今 2.25 亿年左右，中生代遍布于全世界，为子遗种。银杏为雌雄异株，小孢子叶球生于短枝顶端，呈柔荑花序状。银杏的小孢子叶有 1 个短柄，柄端

※ 银杏纲

有 2 个（也有 3 个、4 个、或 7 个）小孢子囊组成的小孢子囊群。大孢子叶球极为简化，通常只有 1 个长柄，柄端具有 2 个环形的珠领。它的珠领上各生 1 个直生胚珠，其中的只有 1 个成熟。它的每个胚珠具有一层厚珠被。

3. 松柏纲

松柏纲也是球果纲，松柏纲植物是常绿或落叶乔木，它的植物体大部分呈塔形，主干极其发达。茎多分枝，常有长短枝之分，具树脂道。它的叶全为单叶，一般细小，叶角质层较厚，有凹陷的气孔，这样的特征有利于抵抗干旱的环境。它的叶呈针状、鳞片状等形状。

因为松柏纲植物的叶子多为针形，因此人们叫它针叶树或针叶植物；还因为它的孢子叶常排成球果状，所以它还叫球果植物。

松柏纲是现代裸子植物中数目最多同时也是分布最广的类群，现代松柏纲植物约 44 属，约 400 多种，隶属于 4 科，即松科、杉科、

※ 松柏纲

柏科和南洋杉科。这些科的植物广泛分布于欧亚大陆北部及北美广大地区，这些科的植物能组成大面积的森林甚至单一的纯林，南半球的新西兰、澳洲及南美洲的温带分布有很多具有丰富的南洋杉科植物。但大多数松柏类的特有属及全部古老的孑遗属都集中在太平洋沿岸，而且许多属如松属、冷杉属、云杉属及落叶松属的多数种类也集中于太平洋的四周，尤其是我国这些植物是很多的。

4. 红豆杉纲

红豆杉纲又叫紫杉纲，红豆杉纲是那些常绿乔木或灌木，它们多分枝。它的叶子呈条形或条状披针形，稀为鳞状或阔叶状。孢子叶球单性异株，稀同株。大孢子叶特化为鳞片状的珠托或套被。它不会形成球果。它的种子是一种具有肉质的假种皮或外种皮性质的种子。

※ 红豆杉纲

现在世界上存在的红豆杉纲植物有 14 属，约 162 种，隶属于 3 科即罗汉松科、三尖杉科和红豆杉科，这三科在系统上紧密相连，人们推测这三科可能拥有共同的祖先。红豆杉纲在我国有 3 科 7 属 33 种，它们主要分布在我国的南方。

5. 买麻藤纲

买麻藤纲又称为倪藤纲，它还叫盖子植物纲，它是灌木或木质藤本，稀有小乔木。次生木质部常具有导管，无树脂道。叶对生或轮生，叶片有各种类型。孢子叶球单性，异株或同株，孢子叶球有类似于花被的盖被，也称假花被。胚珠的珠被向外延伸，形成珠孔管。买麻藤纲的种子包于假花被发育的假种皮中。买麻藤纲总共分为 3 个

※ 买麻藤

目，这 3 个目分别是麻黄目、买麻藤目、百岁兰目，这 3 目中的每一目仅有 1 科 1 属，共约 80 种。在我国买麻藤纲有 2 属，19 种。

▶知 识 窗

　　松的叶是绿色的，又具有雌球花和雄球花，那么松也应该属于绿色开花植物吗？

　　被子植物是绿色的开花植物。针对松的雌球花、雄球花和球果与桃花、桃的果实，可以知道，雌、雄球花的结构比较简单，没有像桃花那样的结构，而桃花的结构复杂得多，胚珠着生在雌蕊的子房中；另外，松不能算作绿色开花植物。人们把松的生殖器官叫做雌、雄球花和球果，这只是长期以来习惯上的用法，实际上，它们并不含有被子植物的花和果实的含义。

|拓展思考|

1. 裸子植物的主要特征是什么？
2. 裸子植物对自然界的意义及其经济意义有哪些？

灌木植物

Guan Mu Zhi Wu

◎灌木植物的特点

什么是灌木呢？它就是指那些没有明显的主干、呈丛生状态的树木，它一般有这样几种类型有观花、观果、观枝干等几类。常见的灌木有玫瑰、杜鹃、牡丹、女贞、小檗、黄杨、沙地柏、铺地柏、连翘、迎春、月季等。灌木一般为阔叶植物，也有一些针叶植物是灌木，像刺柏是一种特别的灌木。因为它冬天的时候地面部分枯死，但是它的根部仍然存活，第二年继续萌生新的枝叶，我们就把这种植物叫做"半灌木"。如一些蒿类植物，也是多年生木本植物，但冬季枯死。有的耐阴灌木可以生长在乔木下面，有的地区由于各种气候条件影响（如多风、干旱等），灌木是地面植被的主体，形成灌木林。沿海的红树林也是一种灌木。那些小巧的灌木，一般作为园艺植物栽培，它们常常用来装点园林。

◎灌木植物的识别

灌木植物应该以树木生的结构、树枝的生长特点来判断是不是灌木植物。不过有些苗木灌木植物。像桂花，大的、主干很明显的可以说是乔木，但有些小桂花就用来做绿篱，这应该算是灌木。其次，3 米以上可称为乔木，但实际中没有明显的界限。木类树体高大（通常 6 米至数十米），具有明显的高大主干。又可依其高度而分为伟乔（31 米以上）、大乔（21～30 米）、中乔（11～10 米）等四级。灌木类树体矮小（通常在 6 米以下），主干低矮。从这里也可以看出，有些树木也不是绝对的，跟桂花一样，可能是小乔木，也可能是灌木。

含笑梅是一种香蕉花。它属于木兰科。在花卉古籍《群芳谱》里，有这样的记载："含笑花产广东，花如兰，开时常不满，若含笑然，而随即凋落，故得名……"。含笑花白色带紫红边，具有香蕉的形状，所以它又被叫做"香蕉花"。它的主要品种：大叶含笑，小叶含笑，金叶含笑。含笑花一般生活在暖热湿润，不耐寒的环境下，它能适半阴，宜酸性及排水

青少年应该知道的生物百科知识

良好的土质，因而在环境不好的情况下应该进行盆栽，在秋末霜前必须移入温室，它可以在 10℃ 左右的温度下度过冬天。

◎用途

灌木的用途非常广，它具有丰富的生态和经济价值，灌木加工业市场前景很好。灌木虽不能生产木材，但用途相当广泛，可以做饲料、肥料、工业原料等。如 1 000 千克柠条的枝叶所含的氮、磷、钾相当于 4 000 千克羊粪的肥力，同时柠条开花初期蛋白含量高达 19.08%，是优质饲料。小灌木是木本植物，具有草坪草、草花等草本植物难以比拟的管理优势。管理任务较小，由于是木本植物，根系较深，因此较草本植物耐旱。灌木是一种比较好管理的植物，它在栽植后前期浇水、喷水，一定会成活，所以，在它的后期基本可以进行粗放管理，苗木荫蔽后杂草也难以生长。进入正常管理后，即使在旺盛生长季节修剪次数每月仅 1～2 次，比起高羊茅、早熟禾、黑麦草类混播的冷季型草修剪次数相对要少。小灌木沙棘富含维生素，药用价值很高。例如，内蒙古天骄资源发展有限公司开发的沙棘醋、沙棘茶、沙棘口服液等产品自从投入市场以来，它的销售量不断增加，公司的前景非常好，目前公司总资产已经超过 2 000 万元，像这样以沙棘为原料的企业当地还有两家。

常绿灌木是比较常见的灌木，栀子又叫栀子花、黄栀子、白蝉。它呈倒卵形或矩圆状倒卵形，顶端渐尖，稍钝头，表面有光泽，脉腋内簇生短毛，托叶鞘状。栀子的花大，呈白色，芳香，有短梗，单生枝顶；花萼裂片倒卵形至倒披针形，伸展，花药露出。花 6 瓣，有重瓣品种（大花栀子）。花期较长，从 5～6 月连续开花至 8 月。果熟期 10 月，果黄色，卵状至长椭圆状，有 5～9 条翅状直棱，1 室；种子很多，嵌生于肉质胎座上。栀子花也是一种比较喜温暖湿润气候，不耐寒的植物；好阳光但又不能经受强烈阳光的照射，适宜在稍荫蔽处生活；适宜生长在疏松、肥沃、排水良好的酸性土壤中，是典型的酸性花卉。栀子花叶色可以作为观赏，因此它也是人们的喜爱的植物之一，因为它是四季常绿，而且它的花芳香素雅，给人的感觉就像一个格外清丽可爱的小姑娘。它经常被人们在阶前、池畔和路旁种植，看起来非常的美丽，同时它还能做花篱，以及作为盆栽供人们观赏。此外，它的花还可做插花，以及作为佩戴装饰的一种漂亮的花，许多人都很喜爱它的芳香艳丽。

※ 灌木植物

▶ 知 识 窗

夏季来临，天气比较炎热，人们应及时补充水。

及时补充水分但应少喝果汁、可乐、雪碧、汽水等饮料，含有较多的糖精和电解质，喝多了会对肠胃产生不良刺激，影响消化和食欲。因此，夏天应多喝白开水。

|拓展思考|

1. 灌木植物常见的有哪些?

2. 小灌木有哪些用途?

乔木—— 银杏

Qiao Mu—— Yin Xing

◎特点

　　银杏还有两个名字，就是白果和公孙树，它是落叶乔木，属于雌雄异株植物。银杏生长较慢，寿命极长，从栽种到结果要二十多年，四十年后才能大量结果，因此人们又叫它"公孙树"，意思是"公种而孙得食"，这说明了它的成长的缓慢，从栽种到结果所需要的时间非常长。它的寿命可达千余岁，存世 3 500 余年大树仍枝叶繁茂果实累累，是树中的老寿星。在山东日照浮来山的定林寺内有一棵大银杏树，相传是商代种植的，已有 3 500 多年历史了。银杏树高大挺拔，叶似扇形，冠大荫状，5 月开花，10 月成熟，果实为橙黄色的种实核果。银杏是现存裸子植物中最古老的孑遗植物之一，人们都叫它"活化石"。因为银杏从栽种到结果要二十多年，银杏苗体高大，姿态优美，是理想的园林绿化、景观园林树种，被列为中国四大长寿观赏树种（松、柏、槐、银杏）。银杏种子具有非常丰富的营养价值，它的种子具有天然保健的作用，如果经常食用它的种子能够抗衰老。银杏树起源于第四纪冰川，它是那时遗留下来的最古老的裸子植物，它在世界上十分稀有的树种之一。

◎习性

　　银杏一般情况下是生活在亚热带季风区，一般在 4 月上旬至中旬开花，9 月下旬至 10 月上旬种子成熟，10 月下旬至 11 月落叶。初期生长较慢，寿命长。雌株一般 20 年左右开始结果，500 年生的大树仍能正常结果。

◎分布

　　银杏在中国的温带和亚热带气候气候区内分布最广，它的边缘分布有"北达辽宁省沈阳，南至广东省的广州，东南至台湾省的南投，西抵西藏自治区的昌都，东到浙江省的舟山普陀岛"之说，遍及中国22个省（自治区）和3个直辖市。中国的银杏资源主要分布在山东、浙江、安徽、福建、江西、河北、河南、湖北、江苏，湖南、四川、贵州、广西、广东等省的60多个县市。但从资源分布量上来看，数江苏、山东、浙江、江西、安徽、广西、湖北、四川、贵州等省份分布的最多，在这些省的分布主要集中在一些县或市，像江苏的三泰地区、邳州、吴县，山东的郯城县、泰安市、烟台市，广西的灵川、兴安等。

◎价值

银杏不仅具有食用价值还具有药用价值，同时它还能美容。它是一种著名的无公害树种，它的这种无公害树种的特性对它的繁殖非常有利，既然它不是有害的树种，那么它为增添风景添砖加瓦是毋庸置疑的了。它的适应性强，银杏对气候土壤要求很宽泛。它抗烟尘、抗火灾、抗有毒气体。银杏树体高大，树干通直，姿态优美，春夏翠绿，深秋金黄，是理想的园林绿化、行道树种。银杏的叶、果是出口创汇的重要产品，尤其是它们能作为防治高血压、心脏病重要的医药原料，因为银杏叶中的提取物可以"捍卫心脏，保护大脑"，特别是叶片的化学提取物达160余种，它的有效利用是当今世界上最关心的话题，果是高级滋补保健品。白果外种皮中所含的白果酸及白果酚等，有抗结核杆菌的作用。白果用油浸能抑制结核杆菌，并且非常有效。用生菜油浸过的新鲜果实，有利于由于肺结核病所导致的发热、盗汗、咳嗽、食欲不振等症状都能起到一定的作用。因此，用它可以治疗肺结核。

银杏还有一种很重要的药用价值，它是具有抗活性基因能力的草药之一，银杏在保护脂质（细胞膜的组成部分）免受自由基伤害方面很有效。考虑到脑细胞含有所有细胞中最高浓度的脂肪酸，这有力地支持了银杏对中枢神经系统的保护作用。人类为什么会衰老？这是因为人类的脑和神经系统中自由基被广泛认为是加速衰老的主要原因。通常情况下，人体的肌肤完全更新一次需要历时3个月左右，脸上有小细纹，原

※ 银杏

因就在这里，真皮层所形成的新生细胞在还没抵达到皮肤表层时就已经被过多的自由基氧化，当其抵达至表皮层时已经属于老化细胞了。而银杏叶中的黄酮甙与黄酮醇都是自由基的消灭者，进而能保护真皮层细胞，从而改善血液循环，因此能防止细胞被氧化产生皱纹，这就是银杏能抗衰老的原因所在。

此外，银杏对自然界也有一定的作用，它有涵养水源，防风固沙，保持水土等功效。在森林被伐，水土流失，风沙侵蚀地带，栽培银杏防护林区、防护林带，护路林、护岸林、护滩林、防沙林等，对保持水土，改善生态环境都是非常有意义的。1996年，贵州省的普定县把栽培银杏，发展银杏产业定为该县脱贫致富之路。因为该县的水土流失非常严重，他们那里的一把土也要种上一棵玉米，因为真正可以利用的土壤不多，所以应充分利用每一寸土。

▶ 知 识 窗

・新买来的衣服怎样容易撕去上面的标签・

拿吹风机对着衣服上的标签吹，等到衣服的胶吹热了，就能很容易地揭下来了。

▌拓展思考▐

1. 银杏能作为观赏植物植于园林吗？
2. 银杏的药用价值是什么？

常绿乔木

Chang Lü Qiao Mu

◎特点

常绿乔木是一种一年内的每个季节都不会落叶的乔木，这种乔木的叶的寿命是两三年或更长，并且每年都有新叶长出，它之所以会常绿，是因为它在新叶长出的时候也有部分旧叶的脱落，由于是陆续更新，所以一年内它的叶都是绿色的，像樟树、紫檀、马尾松、柚木等。这种乔木由于其有四季常青的特性，因此常被用来作为绿化的首选植物，由于它们常年保持绿色，其美化和观赏价值更高。马尾松更常见了，人们经常种植它来作为一种绿化树木，在公园、庭院、公司和学校等地方经常能看到马尾松的身影。

常绿乔木有常见的几种，例如，我们常见的冬青。冬青是一种亚热带树种，它主要分布在江苏、浙江、安徽、江西、湖北、四川、贵州、广西、福建、河南等地，常生于山坡杂木林中。喜温暖气候，有一定耐寒力。适生于肥沃湿润、排水良好的酸性土壤。较耐阴湿，萌芽力强，耐修剪。冬青能对二氧化硫产生很强的抗性。冬青具有在整个冬季都不会从树枝上掉下来的特性。冬季万物都在熟睡的时候，鸟儿在冬季也没有食物可吃，冬青树的果实正好可以在冬季为鸟儿提供食物来补充它们的体能来维持生命。冬青树的叶子是椭圆形的，两边是尖尖的。它的叶子一年四季都是绿的。它在几棵树围起来的时候，可以为我们遮挡阳光、遮挡风雨。在冬青树叶子的两旁有弯弯曲曲的线条，看上去像是用花边剪刀剪出来的许多美丽的花纹。

常绿乔木还有一种是木莲，它高达 20 米。它有以下特点：它的主干通直，树皮灰色，平滑。小枝灰褐色，有皮孔和环状纹。叶革质，长椭圆状披针形，叶端短而尖，通常较钝，基部呈楔形，叶面绿色有光泽，叶背灰绿色有白粉．叶柄红褐色。花白色，单生于枝顶。聚合果卵形，蓇葖肉质、深红色，木莲的花期一般是 3～4 月，它的果熟期是 9～10 月。它主要分布于长江中下游地区，是一种常绿阔叶林中常见的树种。喜温暖湿润气候及深厚肥沃的酸性土。由于木莲适宜生活在湿润的地方，因此，它在干旱炎热之地会生长得不好。它的根系一般比较发达，但它的侧根少，它的初期生长较缓慢，但在3年以后生长较快。它有一定的耐寒性，在绝对低温-7.6℃～-6.8℃下，它的顶部略有枯萎现象。它在酷暑的环境下是不生长的。

还有一种常绿乔木，就是广玉兰，它是一种常绿大乔木，高20～30米。树皮呈淡褐色或灰

※ 常绿乔木

色，它的叶呈薄鳞片状开裂。枝与芽有铁锈色细毛。叶呈椭圆形，互生；叶柄长1.5～4厘米，背面有褐色短柔毛；花柱呈卷曲状。聚合果圆柱状长圆形或卵形，密被褐色或灰黄色绒毛，果先端具长喙。种子椭圆形或卵形，侧扁，它长约1.4厘米，宽约6厘米。花期为5～6个月，果期在10月份。广玉兰常常生长在有阳光的地方，在它还是幼苗的时候有一点偏耐阴。因此它适宜生活在温暖湿润气候的环境下，所以它有一定的抗寒能力。适于生长在干燥、肥沃、湿润与排水良好的微酸性或中性土壤中，在碱性土种植时易发生黄化，忌积水和排水不良。因为广玉兰是常绿乔木，所以具有常绿乔木的特点，它能吸收烟尘及二氧化硫等有害的气体，这就决定了它很少有病虫害。它的根系特别发达，因此它的抗风力强。尤其是它的播种苗树干挺拔，树姿很高大和美丽，所以说它具有很强的适应性。

◎用途

松树也是常绿乔木中的一种，它具有很多用途，列举几个典型的用途：松针叶加工而成的松针粉，含有畜禽生长所必需的40多种营养成分，如植物菌素、生长激素、蛋白质、脂肪、维生素、微量元素和18种氨基酸。松针叶能提炼出一种特别有用的油，这种油叫做芳香油，这种油在肥皂、牙膏、化妆品、糖果、香精、饼干等众多产品里都有用处。此外，经过蒸馏松针油的残渣，还能提炼拷胶、酒精等的上等原料。

松花粉可以作为一种珍贵的天然高级营养食品的原料，我国人民早在两千多年前就食用松花粉了，可见松花粉的价值意义了。在《本草纲目》有记载，说它有"润心肺，益气，除风止血"等功效。古代的人们用松花粉和炼熟的蜂蜜调和，做成一种叫"松黄饼"的食物，它味香、清甘，据

说有壮颜益志、延年益寿等的作用。为什么松花粉会对人类这么有益呢？原来，松花粉中富含人体所需的多种矿物质，生理活性物及具调解功能的激素、酶及生物碱等，这些所含的物质都是对人体有益的。

▶ 知 识 窗

·高跟鞋的美丽错误·

高跟鞋问世以来一直备受女性的青睐，但鞋跟在 7 厘米以上的高跟鞋使人体重心自然前移，给膝关节造成了压力。研究发现：膝部压力过大是导致关节炎的直接原因之一。另外，如果身体重量过多集中在前脚掌上，趾骨也会因为负担过重而变粗。科学证明，过高的高跟鞋还是跟腱和脊椎骨变形的罪魁。据统计，喜欢穿高跟鞋的英国妇女中有 62% 的人都患有不同程度的上述疾病。

拓展思考

1. 常见的常绿乔木有哪些？
2. 说说松树有哪些用途？

落叶乔木

Luo Ye Qiao Mu

◎ 特点

　　落叶乔木是指每年秋冬季节或者是在干旱季节叶会全部脱落的乔木，引起这种树木叶脱落的原因是由于短的日照，导致它的内部生长素减少所造成的。

　　落叶乔木一般高达 30 米，直径 1 米，树干通直，树皮灰绿至灰白色，皮孔菱形，老树基部黑灰色，纵裂。幼枝被毛，后脱落。叶芽卵形，长枝叶宽卵形或三角状卵形，长 10～15 厘米，先端短渐尖，基部心形或平截，具深牙齿或波状牙齿，下面密被绒毛，后渐脱落，叶柄上部较扁，长 3～7 厘米，顶端常有 2～4 个腺体；短枝叶卵形或三角状卵形，先端渐尖，下面无毛，具有深波状牙齿，叶柄扁，稍短于叶片。它的花芽看上去既像卵圆形又像球形，雄花序长 10～14 厘米，苞片密被长毛，雄蕊 6～12 枚；雌花长椭圆形，落叶乔木的花序长达 14 厘米。果圆锥形或长卵形，2 裂。它一般是在 3～4 月开花，在 4～5 月结果，蒴果小。落叶乔木一般生长在北方，因此它是北方城市绿化的主要植物材料之一，由于它的商品周期都很长，一般都在 5 年至 8 年之后才可应用于工程，因此它的品种结构和规格结构和灌木以及地被的是不一样的，和它们相比落叶乔木是要重要得多的。

　　一般来说，落叶乔木的树叶存在期很短，它在一年内叶子就会全数脱落，全部老叶脱落后便进入休眠时期。一般绝大多数的落叶树都处于温带气候条件下，夏天繁茂、冬天落叶，少数树种可以带着枯叶而越冬。落叶乔木树皮淡灰色，老时纵直深裂。叶在长枝上螺旋状散生，在短枝上丛生。叶片扇形，顶端带 2 浅裂。雌雄异株；通常雄株长枝斜上伸展，雌株长枝较雄株开展和下垂；短枝密，被叶痕，黑灰色；冬芽黄褐色，圆锥形，钝尖。落叶乔木的雄蕊花丝短；但它的雌球花有长梗。种子是核果状，呈椭圆形、倒卵形或圆球形。一般落叶乔木在果实成熟时的颜色就会变成橙黄色，它的叶子是绮丽的代表，是非常美丽的一种叶子。一般意义上讲，生活在温带的树木也是落叶乔木，例如，山楂树、梨树、苹果树、

梧桐树、杨树、柳树、榆树、梧桐、法桐等，它们落叶是为了让植物减少蒸腾、保持水分，进而度过寒冷或干旱季节，然后继续生长，这是它们的一种适应性，它们的这一特性是植物长期进化的结果。

落叶乔木中还有一种树木，名叫水杉，水杉的树皮呈灰色或淡褐色。小枝对生，叶呈羽状交互对生，两列条形扁平柔软。它具有优美的树姿，因此它也常被用来作为园林的绿化树种。它是中国特有树种和世界著名的孑遗植物、活化石。它还是国家一级保护稀有树种。水杉是落叶乔木，高达 35～41.5 米，胸径达 1.6～2.4 米；树皮呈灰褐色或

※ 落叶乔木

深灰色，裂成条片状脱落；小枝对生或近对生，下垂。叶交互对生，在绿色脱落的侧生小枝上排成羽状二列，线形，柔软，几无柄，通常长 1.3～2 厘米，宽 1.5～2 毫米，上面中脉凹下，下面沿中脉两侧有 4～8 条气孔线。雌雄同株，雄球花单生叶腋或苞腋，卵圆形，交互对生排成总状或圆锥花序状，雄蕊交互对生，约 20 枚，花药的花丝短，药隔显著；雌球花单生侧枝顶端，由 22～28 枚交互对生的苞鳞和珠鳞所组成，各有 5～9 个胚珠。水杉的树干通直挺拔，而且它的树形壮丽，叶色是翠绿色的，当秋天来临的时候，它的叶子就会变成金黄色，因此它作为庭院观赏树之一是应该排在前面的。水杉还可以种植在公园、庭院、草坪、绿地中，在这些地方种植的时候可以进行孤植，列植或群植。同时，也可以单独一大片栽植来营造风景林，还应当栽种些常绿地被植物来陪衬；此外，它还能栽于建筑物前或用作行道树，都会营造美丽的风景，都会给人们带来美丽的环境。因为水杉在一定程度上能抵抗二氧化硫，所以它是工矿区绿化树种的首选。

落叶乔木中还有一种是日本晚樱，樱花既有落叶落叶乔木，又有常绿或灌木，但是常绿或者灌木是非常少的。一般所称的樱桃花、樱花都属于同一类植物。樱花既像梅一样幽香又像桃一样艳丽，因此它也是优良的园

林观赏植物。群体花期为 2 月底至 4 月上旬，最早开花的云南早樱一般在 2 月底开花。而日本晚樱中的许多品种则在 3 月底或 4 月初开花。樱花的花色多种多样，它的花期也很整齐，经常一夜之间就能开满整个树的枝头，开花的时候漂亮极了，但是它的花在短期内就会凋落，大多数的樱花最多能开 1 周左右，之后就会凋谢。一般先于叶或者与叶同时开放，春季萌发的新叶有嫩绿色和茶褐色两种，这也是鉴别樱花品种的重要方法。樱花属浅根性树种，喜阳光、深厚肥沃而排水良好的土壤，有一定的耐寒能力。樱花具有单叶互生，叶有锯齿的特点，它的叶柄和叶片基部常有腺体。它的单瓣樱花的花瓣、萼片常为 5 枚。雄蕊 30～40 枚，雌蕊却只有 1 枚。

樱花最初生长在日本，在我国也有栽培，它的花繁多、美丽，供观赏。樱花一般是指蔷薇科梅属中樱桃亚属和少数桂樱亚属植物。全球的樱花共有 100 余种，主要分布在亚洲、欧洲和北美的温暖地带，在这众多的品种中我国有 45 种左右，它们主要分布在我国的西部和西南地区。此外全球还有 50 多个野生樱花品种，而我国就有 38 个，我国也是一个拥有花的种类很多的国家。

◎用途

落叶乔木在园林绿化中占有举足轻重的地位，它的用途非常广泛，可用作行道树、庭荫树、观叶、观花、观果树及工矿企业绿化树种等。由于落叶乔木具有明显的季节特点。因此，一方面可以利用落叶乔木的外形、结构和色彩的丰富多变将它们作有意义的配置；另一方面，根据落叶树种的叶色会因季节的不同而发生明显的变化，这些变化为园林造景指明了方向，对园林构景带来的意义是不容低估的。假如用落叶乔木树种作为行道树，可以根据春季和秋季叶色的变化，对街道和城市的立面效果进行软化；园林造景中的植物一般是园林绿化的基础材料和主题，在城市园林绿地中，树木是三维城市不可分割的一部分，它可限定于建筑物之间的空间并赋于某种含义，同时也美化了建筑的自身，利用不同树型，采取孤植、小规模丛植或大量带状种植等不同方式来限定地划分各个空间以此来达到某种层次的意义，它所提供自然的景观景点，让那些建筑物硬线条所带来的不良效果一去不复返。

喜树也是落叶乔木的一种，它也是落叶大乔木，它的树冠倒卵形，主杆耸立，姿态雄伟。树皮淡褐色，光滑；枝多向平展，幼时绿色，具突起黄灰色皮孔。叶呈椭圆状卵形，下面疏生短绒毛，羽状脉弧曲状，叶柄常红色。花单性同株，雌花顶生，常排列成头状花序，7~8月开淡绿色花，瘦果长三菱形有狭翅。瘦果在11月的时候会长成熟，成熟时它的果实颜色为褐色。它经常在公园、庭院作为一种绿荫树来被人们栽培；在街道和公路的两旁经常能看到它被人们作为农田防护林来栽植。

▶ 知 识 窗

· 洗手的次数 ·

很多专家认为，最有效的减少疾病的方法就是勤洗手。仅在餐前洗手显然是不够的，去过卫生间，打喷嚏、咳嗽和擦完鼻涕以及抚摩完小动物后都应及时洗手，要勤洗手。

| 拓展思考 |

1. 落叶乔木的树叶每年都会落吗？
2. 落叶乔木大部分可用于园林构造吗？

青少年应该知道的生物百科知识

生物——动物

第五章

SHENGWU——DONGWU

　　动物在生物界中也有着很大的家族，它们也有一个大家庭。它们按照不同的生活习性分为不同的种类。在动物界中有的是在天空中飞行，有的是在陆地上跑，有的是在水里游等，种类繁多。有的动物可能是庞然大物，但有的动物可能很弱小；它们可能非常凶猛，也可能很友善。它们快步疾走，它们飞奔跳跃，它们展翅飞翔。在地球上，到处都能看到它们的身影，甚至在地球的空间也遍布它们的脚步。它们是一个千姿百态的大家族，种类数不胜数。它们的存在不仅让地球变得更加美丽，也同样让大自然变得更加神奇，有魅力。

水中生活的动物

Shui Zhong Sheng Huo De Dong Wu

目前，人们所知道的动物约有 150 万种。按生活环境可以将动物划分为水中生活的动物、陆地生活的动物、空中飞行的动物；按照有无脊椎可以划分为无脊椎动物和有脊椎动物。

水中生活的动物主要有两类，一类是鱼类，另一类就是其他水生的动物。鱼类在水里可以游泳和呼吸。其他的水生物包括腔肠动物，如海葵、珊瑚等；软体动物，如乌贼、河蚌等；甲壳动物，如虾类和蟹类；还有其他不知道的动物。

这些动物能在水中生活，是因为它们具备能在水中呼吸的器官（大多数是鳃），这是它们生活在水中的最主要的原因；第二个是它们能在水中游泳的益处，它们能在水中游泳可以防御敌害。

◎水中生活的动物——鱼类

鱼类是一种脊索动物门中的脊椎动物亚门，一般把脊椎动物分为鱼类

※ 鱼

（53％）、鸟类（18％）、爬虫类（12％）、哺乳类（9％）、两生类（8％）五大类。根据相关统计，全球鱼类共有 24618 种，占已命名的脊椎动物的一半以上，且新种鱼类不断被发现，平均每年增加 150 种，十多年应已增加超过 1500 种，目前在世界上，人们能叫上名字的鱼种大概在 26 000 种以上。

　　鱼的体形看上去就像一个梭子，它们这样的身形是有益处的，因为这样的身形可以减小鱼类在游泳时的阻力，以便它们在水中更好地游动。鱼的颜色为背深腹浅的体色有利于保护自己，不易被敌害发现，这也体现了鱼类生物适应环境的特性。因为鱼体表覆盖鳞片，上有黏液。鱼的鳞片和黏液是鱼的保护伞，因为它们能保护鱼的身体，同时，它的黏液可减小游泳时的阻力。鱼类的两侧有两条线，它们由鳞片上的小孔组成。这两条线是鱼的侧线，它们与神经相连，有测定方向和感知水流的作用。鱼拥有能呼吸的器官，那就是鳃，这是鱼类能在水中呼吸的最主要的原因。鱼还有一个运动器官，就是它的鳍，它的鳍是用来划水的。

◎水中生活的动物——海葵

　　海葵也是生活在水中的，它是一种腔肠动物，腔肠动物的结构很简单都是有口无肛门。

　　海葵从它的外表看很像植物，其实它是一种实实在在的动物。海葵共有 1 000 多种，栖息于世界各地的海洋中，从极地到热带、从潮间带到超过 10 000 米的海底深处都有分布，而数量最多的还是在热带海域。暖海中的海葵个体一般都比较大，它们的身体呈圆柱形。

※ 海葵

　　海葵是一种单体的两匹层动物，它没有外骨骼，每个海葵的形态，颜色和体形各异。辐射对称，桶型躯干，上端有一个开口，开口旁边有触手。触手起保护作用，还可以抓紧食物。触手上面布有微小的倒刺。海葵通常身长为 2.5～10 厘米，但有一些海葵拥有很长的身体，它们有的可长到 1.8 米。

◎水中生活的动物——乌贼

乌贼是一种软体动物，它是生活在水中的一种动物，软体动物的特点就是身体柔软，靠贝壳来保护身体。

乌贼的身体有三部分，分别是头、足和躯干三个部分，躯干相当于内脏团，外有肌肉性套膜，还有石灰质的内壳。

乌贼的体内装有墨汁，乌贼体内的墨汁在通常情况下都是贮存在肚中的墨囊中的，不到危险的时候是不拿出来的，但是它们一遇到敌害侵袭时，它们就会从墨囊喷出一股墨汁，把周围的海水染得墨黑，然后趁机逃之夭夭。而且乌贼的墨

※ 乌贼

汁中含有毒素，可以用来麻痹敌人。一般情况下，乌贼要经过很长一段时间才能储存够这一腔墨汁，所以不到它们走投无路时，它们是不会随意使用这一防身武器——墨汁，这也可以说是它们的杀手锏。

◎水中生活的动物——虾类

虾类是一种生活在水中的甲壳动物。甲壳动物的最主要的特点是体表长有质较硬的甲。

人们一般都比较熟悉鱼的呼吸，鱼呼吸的过程是这样的：鱼在张开口的时候吸进溶有氧气的水，当它闭口时，水便从鳃盖后面流出。在水流经鳃片时，鳃血管中的血液便可以与水进行气体交换。有人也许会因此而推想：

※ 虾类

虾的呼吸一定跟鱼差不多。但事实是虾的呼吸正好和鱼相反，虾呼吸时是从头胸甲后面把水倒吸进去来呼吸的。

▶知识窗

·保护水域环境·

　　水中的各种生物都是水域生态系统的重要组成部分。它们之间通过食物链和食物网形成复杂而紧密的联系，同时又都受水域环境的影响，其种类的变化和数量是消长都会影响人类的生活。所以我们必须要保护水域环境。

|拓展思考|

1. 列举水中的其他动物？
2. 水中的动物都有哪些共同特点？

青少年应该知道的生物百科知识

陆地上生活的动物

Lu Di Shang Sheng Huo De Dong Wu

陆地生活的动物有以下特点：具有防止水分散失的结构（如蝗虫的外骨骼），具有能支撑躯体重量的结构（如骆驼的四肢等），具有能在空气中呼吸的器官（如肺，气囊等），具有灵敏的神经系统和运动系统。陆地上的大部分动物都是有呼吸器官的，它们是用肺或气囊进行呼吸的。

※ 北极熊

◎陆地上生活的动物——穿山甲

陆地上的气候相比水中的一般都比较干燥，水分少，因此生活在陆地上的动物需要保水。穿山甲是爬行动物，它的全身都是甲，穿山甲的体质可以防止水分散失，这就是它可以在陆地上行走的原因。

穿山甲从形态分布上说具有以下特点：它的体形狭长，全身布满鳞甲，四肢粗短，尾扁平而长，背面略隆起。在我国仅生活

※ 穿山甲

有一属穿山甲，它们主要分布于我国的海南、福建、台湾、广东、广西、云南等地。与我国相邻的几个国家，如越南、缅甸、印度、尼泊尔等国家也分布有穿山甲。

◎陆地上生活的动物——骆驼

骆驼能够在陆地上生活，这要从它符合了动物生活在陆地上的第二个特点说起。陆地上生活的动物一般都具有支持躯体动物的器官，用于爬行、行走、跳跃、奔跑、攀爬等多种运动方式，以便觅食和避敌。不仅骆驼符合这个特点，而且蝗虫也是这个特点的符合者。

骆驼的头较小，颈粗而长，弯曲如鹅颈。躯体高大，体毛

※ 骆驼

褐色。眼为重睑，鼻孔能开闭，骆驼四肢细长，蹄大如盘，两趾、跖有厚皮，都是适于沙地行走的特征。尾细长，尾端有丛毛。背有 1～2 个较大驼峰，内贮脂肪。胃分 3 室（缺少瓣胃），可以反刍。性情温顺，常单独活动，食粗草及灌木。寿命约 30 年。骆驼按峰驼的多少划分为单峰驼和双峰驼，单峰驼就是那些具有 1 个驼峰骆驼，单峰驼主要生活在阿拉伯半岛、印度及非洲北部；相对应的，那些具有 2 个驼峰的，叫做双峰驼，体长约 3 米，高 2 米以上，前后两峰相距约 0.5 米。绒毛发达，颈下也有长毛。上唇分裂，便于取食。骆驼颇能忍饥耐渴，每饮足 1 次水，可数日不喝水，仍能在炎热、干旱的沙漠地区活动。由于骆驼的鼻内分布有很多极细而曲折的管道，这些管道常常处于被液体湿润着的状态，因此一旦它们的体内缺水，那些管道就会停止分泌液体，并在管道表面生长出 1 层硬皮，用它吸收呼出的水分而不致散失体外；在吸气时，硬皮内的水分又可被送回体内。水分就是这样一直在体内反复循环被利用，水分并没有流失，所以说骆驼是一种能耐渴的陆地动物。

◎陆地上生活的动物——蚯蚓

蚯蚓的身体一般呈圆长形，而且它们由许多体节构成（是环节动物）。前端有口，后端有肛门，近前端的几节，颜色较浅，而且膨大光滑的部位叫环带。蚯蚓的身体表面湿润粘滑（这样可以减少身体与地面的摩擦，有利于它的运动）。另外，在放大镜下还可以看出蚯蚓的表面有刚毛。

蚯蚓是一种靠环肌的交替伸缩，以及体表刚毛的配合来行动的动物。

113

当蚯蚓前进时，身体后部的刚毛钉入土里，使后部不能移动，这时环肌收缩纵肌舒张，身体就向前伸长，接着身体前部的刚毛钉入土里，使前部不能移动，这时，纵肌收缩，环肌舒张，后部身体就向前缩短。蚯蚓就是这样行走的，因此蚯蚓是不能行走在光滑的地方的。

※ 蚯蚓

在蚯蚓的体内是没有呼吸器官的，那么它是怎样呼吸的呢？它主要靠皮肤接触水来完成气体交换的，因此蚯蚓的呼吸是通过体表来进行的。

动物一般都需要生活在适宜的温度，像蚯蚓这样不能保持恒定的体温的动物，这个特点决定了它只能生活在土壤深层里，因为只有这里的温度是比较稳定的。

▶知识窗

·北极熊的捕食习性是怎样的·

　　北极熊在熊科动物家族中属于食肉动物，它们主要捕食海豹，特别是环斑海豹，此外也会捕食髯海豹、鞍纹海豹、冠海豹。除此之外，它们也捕捉海象、白鲸、海鸟、鱼类、小型哺乳动物，有时也会打扫腐肉。北极熊也是唯一主动攻击人类的熊的，北极熊的攻击大多发生在夜间一般有两种捕猎模式，最常用的是"守株待兔"法。它们会事先在冰面上找到海豹的呼吸孔，然后极富耐力地在旁边等候几个小时，等到海豹一露头，它们就会发动突然袭击，并用尖利的爪钩将海豹从呼吸孔中拖上来。

▌拓展思考▐

1. 列举一种用肺部呼吸的动物，并说出它的构造？
2. 陆地生活动物的特征有哪些？

青少年应该知道的生物百科知识

空中飞行的动物

Kong Zhong Fei Xing De Dong Wu

空中飞行的动物的最主要的条件就是要有能飞翔的翼，而且它们的体重必须要轻。空中飞行的动物有无脊椎动物中的昆虫和脊椎动物中的鸟和蝙蝠。

◎空中飞行的动物——鸟类

鸟类一般具有以下的外形特征：首先，鸟的体形呈流线型，这样的身体特征可以减少它在空中飞行时的阻力，其次，鸟类的体表有厚厚的羽毛，羽毛既可以保温又可以飞行。

鸟类一般在飞行时都是需要大量的氧气的，它的呼吸系统很发达，呼吸方式也很独特。鸟类不仅有发达的肺，还有与肺相通的一些气囊，

※ 老鹰

这些气囊位于内脏器官之间，有的还突入到骨的空腔里。一般鸟类在飞行时，它的两翼会上下扇动，这样的飞行有利于促使气囊扩张和收缩。当两翼举起时，气囊扩张，外界的空气就进入肺里，其中大量空气在肺内进行气体交换，也有一部分空气进入气囊。当两翼下垂时，气囊收缩，气囊里的空气又经过肺排出体外。这样，鸟类每进行一次呼吸，空气就两次经过肺，也代表着空气在肺里进行两次气体交换。这是一种特殊的呼吸方式，人们把它叫做双重呼吸。显然，双重呼吸提高了气体交换的效率，可以供给鸟类充足的氧气。此外，气囊还可以减轻身体比重，有利于鸟类的飞行。鸟类在进行呼吸时，气囊里的气体会自动排出体外，这样它体内的热量就减少了，这一过程对鸟类散热降温，维持它的体温的恒定有重要的作用。

◎天空飞行的动物——蝙蝠

蝙蝠生活在各类大、小山洞，古老建筑物的缝隙、天花板、隔墙以及

树洞、山上岩石缝中，而一些南方食果的蝙蝠还隐藏在棕榈、芭蕉树的树叶后面。有些蝙蝠种群上千只在一起，有些蝙蝠雌雄在一起生活，有些则是雌雄分开栖息。那些平时栖息在树林中的蝙蝠，当冬季来的时候，它们就必须搬家了，它们要把家搬到温暖的地区，为了搬家它们有的时候要飞过数千里路。温带的穴居蝙蝠一般都冬眠。蝙蝠种类繁多，全世界约有900种。蝙蝠的种类数目在哺乳动物中也是很多的一类，它排在第二位，是除了啮齿类动物种类数目最多的一种哺乳动物。

◎空中飞行的动物——昆虫

昆虫的种类也是现在世界上最多的动物，人类所知道的种类已经超过了100万种，是无脊椎动物中唯一会飞的动物。昆虫的分布范围十分广泛，到处可见，这与它们的运动能力强是分不开的。昆虫一般都具有较强的飞行能力。昆虫的身体可以分为头、胸、腹三部分，翅和足是昆虫的运动器官，而且它们都生长在胸部。它

※ 蝴蝶

们的外骨骼有保护和支持内部柔软器官、防止体内水分蒸发的作用。

昆虫的翅可以帮助它们寻找食物、躲避敌害、寻找配偶、寻找适宜的产卵场所。翅是昆虫通过运动来扩大昆虫的生活和分布空间的一种重要工具，翅对昆虫的生存和繁殖也有重要的作用。

▶知识窗

·鸟类的翅与昆虫的翅的共同点·

鸟类的翅与昆虫的翅都是扇面结构，该机构运动都是由肌肉的收缩和舒张引起的；在空气中都可以产生向上的升力和前进的动力；相对于自身的大小来说，都具有轻、薄、面积大的特点，有利于扇动空气而产生飞行的动力。

拓展思考

1. 如果人类有了翅膀也能飞吗？为什么？
2. 昆虫与鸟类的区别是什么？

116

动物的运动行为

Dong Wu De Yun Dong Xing Wei

动物和人类有着相似的行为，因此动物也有运动行为，例如，奔跑的马、孔雀开屏、大雁南飞、蚂蚁搬家、蜜蜂采蜜都是它们的运动行为。它们的行为目的有几方面，有觅食行为、争斗行为、防御行为、繁殖行为和社群行为。

动物的运动方式也有多种：像水中游泳的动物（游动的鱼）、陆地上活动的动物（奔跑的马）、空中飞行（大雁南飞）的动物和水陆栖动物（青蛙）。

※ 马

◎运动系统的组成

运动系统由骨（起杠杆作用）、关节（起支点作用，包括关节头、关节窝、关节囊、关节腔和关节软骨）、骨骼肌（起动力作用。包括肌腹和肌腱）这些重要的部分组成。

动物的行为划分：按动物的行为获得的途径来划分，可以把动物的行为分为两种，一种是动物一生下来就有的，这是动物体内的遗传物质决定的，这种行为就是先天性行为；另一种则是在遗传因素的基础上，在环境因素的影响下，后天形成的，这个后天形成的行为是通过生活经验和学习而获得的一种行为，这就是我们经常所说的学习行为。但是动物的学习行为是在先天性行为的基础上的形成的，先天性行为是它的基础。

◎动物的运动和行为的关系

动物所进行的这些活动对它们的存活和繁殖后代有着非常重要的意义的，这些活动就叫做动物的行为。动物的行为常常表现为各式各样的运动，而动物运动是动物行为的具体表现，动物的运动行为是建立在一定的基础上的，它是依赖于一定的身体结构的，动物的运动主要是依靠它的运动系统来完成的。

◎动物的先天性行为

一说起袋鼠，人们会想到它们幼小的时候，它们刚出生的时候都会掉在母袋鼠的尾巴根部，它们能本能地爬向母袋鼠腹部的育儿袋，然后在育儿袋中吃奶。

※ 袋鼠

◎动物的学习行为

大山雀喝牛奶就是动物的学习行为的表现。多年前，在英格兰有一只大山雀，一次偶然碰巧打开了放在门外的牛奶瓶盖，偷喝了牛奶。没过多久，那里的其他大山雀也都学会了喝牛奶。

自然界中的动物的学习行为还有很多很多，像猩猩用树枝取食或是摘取香蕉等都属于动物的学习行为。

◎社会行为

社会行为是一种比较特别的行为，它的特征就是在群体内部形成一定的组织，并且成员之间有明确的分工，但有的群体还形成了等级，在自然界中动物都有社会行为。

※ 社会行为

▶知识窗

·蚂蚁搬家时，为什么不会迷失方向呢·

蚂蚁的腹部能分泌出一种物质，称为追踪素，通常蚂蚁出洞的时候，一般都是很有秩序地排成一纵队前进，前边蚂蚁分泌出这种带有象征气味的追踪素，边走边散布在路上，留下痕迹，后边走的蚂蚁闻到这种气味，就能紧紧地跟上，即使有个别的蚂蚁暂时掉队，也能沿原路前进不会迷路。这种追踪素的气味就成了它们前进的路标。回来的时候，仍按此路标返回洞内。

| 拓展思考 |

1. 动物一生下来就会吃饭、睡觉吗？

2. 不同的动物的学习能力有差别吗？学习行为与遗传因素有关系吗？

水中动物—— 中华鲟

Shui Zhong Dong Wu—— Zhong Hua Xun

◎生活习性

水中生活的动物很多，常见的有中华鲟、鲢鱼、鳙鱼、青鱼、草鱼等。水中动物需要有光照强度、含氧量适合、pH 值的大小也适合、水温、盐度、底质以及透明度、水流和流速等。所以，这也是提醒人们在养殖这些鱼类时要注意这些条件。水中的动物的生活习性有相同点也有不同点，除了这些条件，我们还应注意那些呢？例如，中华鲟这种鱼的生活习性是什么呢？

带着这个问题我们来了解一下中华鲟，中华鲟的特点：它的体呈纺锤形，头尖吻长，口前有 4 条吻须，中华鲟的口在腹面，有伸缩性，并能伸成筒状，它体被覆五行纵行排列骨板，背面一行，体侧和腹侧各两行，每行有棘状突起。鲟早在一亿五千万年前就有了，据推测它是中生代留下的一种稀有古代鱼类，它可以说是软骨也可以说是硬骨，处于它二者的中间，骨骼的骨化程度普遍地减退，中轴为未骨化的弹性脊索，无椎体，随颅的软骨壳大部分不骨化。尾鳍为歪尾型，偶鳍具宽阔基部，背鳍与臀鳍相对。它的腹鳍位于背鳍前方，鳍及尾鳍的基部具棘状鳞，肠内具螺旋瓣，在它的腹鳍基部附近是肛门和泄殖孔，输卵管的开口距离卵巢很远。

中华鲟在很早以前就存在了，但是，它的数量非常稀少。它们主要分布在我国的长江流域，它属我国一级保护动物。虽然现在我国采取了一系列的保护措施，但是它们还是在逐渐减少。在鲟形目中，中华鲟是生活在地球的最南端。它的产卵洄游期是在长江干流进行的，同时西江和闽江也有很小的一部分。在 20 世纪的三四十年代，黄河和钱塘江也出现过，但从那时到目前还没有见过。

中华鲟一般个体较大，它的寿命较长，最长命者可活 40 岁。但其性成熟较晚。据研究，在产卵群体中，雄鱼年龄一般为 9～22 岁，体重为40～125 千克；雌鱼为 16～29 岁，体重 172～300 千克。据文献记载最大体重达 560 千克，是鱼类的庞然大物。由于在长江中它们是最大的鱼，所以人们都叫它"长江鱼王"。据调查研究，中华鲟每年的平均增长速度都很快，雄鱼的年平均增长为 5～8 千克，雌鱼为 8～13 千克。虽然它们成长的很快，但它们要想长到成鱼还是需要一段很长的时间的，一般需要8～14 年才能长成成鱼。

中华鲟是一种比较耐盐度的鱼类，在一定的自然条件下，它们可以生活在淡水和咸水水域，但是它们在淡水中繁殖，却在海水中生长。在中华鲟的幼期或者说是还是仔时，最好的透明度要在 40～60 厘米。透明度是水中浮游生物、泥沙和其他悬浮生物的数量存在的反映。

中华鲟还有俗名，它的俗名是鲟鱼、鳇鱼，它属鲟形目、鲟科、鲟属。一直以来都有"活化石"的名号，具有很高的科研、食用、药用和观赏价值。其鱼皮可制革，鱼卵可制酱，鱼胆可入药，鱼肉、鱼肠、鱼鳔、鱼骨等均是上等佳肴。自从 20 世纪 70 年代以来，人类所进行的拦河筑坝的一些人类活动，中华鲟的洄游通道被挡住了，再加上水质污染和有害渔具的滥用，目前中华鲟自然资源一天比一天少。

中华鲟需要很高的溶氧量，水中的溶氧量在 5 毫克/升以上一般才能适宜它们的生长。如果当水中溶氧量下降至 4 毫克/升时，中华鲟的食欲就下降；当溶氧量继续降至 3 毫克/升或降至 3 毫克/升以下时，中华鲟摄食量迅速减少，甚至停止摄食，严重者发生活动迟缓、昏迷、甚至窒息死亡。值得指出的是，例如水的溶氧量变幅大的肥水，是不能作为培育种的。中华鲟的食物主要是鱼类。它们也可摄食小型虾、蟹等小动物。中华鲟幼鱼的溯水上游的习性一般不是很容易看出来，它们常常集中在流水口。一般要想养殖中华鲟，要有一个面积为 3～10 平方米的养殖池，水流量最好在 10～20 升/分。中华鲟产卵时它的平均流速是不快的，速度一般都不会超过 1.0～2.0 米/秒，并且这一时期的流态都十分的复杂，它们产卵的地方大多在是在河道转弯处且有深潭的地方，并且流场都有漩涡，这些地方都有着较大的卵石块。

长江水流较急，在动荡的水浪中进行受精，自然受精不完全，这就淘汰了一批鱼卵。受精卵在孵化过程中，或遇上食肉鱼类和其他敌害，或"惊涛拍岸"，又要损失一大批。就是孵成了小鱼，自然界中的"大鱼吃小鱼"，还会对它造成一定的损失。就这样"三下五除二"，产生的鱼籽尽管多，真正能"成鱼长大"接受传宗接代这一使命的却非常少。实际上，这是动物在进化过程中生殖适应的结果。那些在个体发育过程中幼子损失大的种类，产卵一定会多；相反的，就会少。这不是"上帝"的安排，而是自然选择的结果，那些产卵少、损失又大的种类在这一过程中早已被历史抛弃了。

▶ 知 识 窗

·什么是洄游·

　　一些水生动物在一定季节或发育阶段沿一定路线有规律地往返迁移，洄游也是一种周期性运动，随着鱼类生命周期各个环节的推移，每年重复进行。洄游是长期以来鱼类对外界环境条件变化的适应结果，也是鱼类内部生理变化发展到一定程度，对外界刺激的一种必然反应。通过洄游，更换各生活时期的生活水域，以满足不同生活时期对生活条件的需要，顺利完成生活史中各重要生命活动。洄游的距离随种类而异，为了寻找适宜的外界条件和特定的产卵场所，有的种类要远游几千千米的距离。

|拓展思考|

1. 水中的动物有着怎样的习性？
2. 中华鲟是属于哪种的水中动物？

青少年应该知道的生物百科知识

陆上动物—— 斑马

Lu Shang Dong Wu ——Ban Ma

◎形态特征

斑马的外形与一般的马和驴都没有什么两样，它们身上的条纹是有着神奇的作用的，这是为了适应生存环境而衍化出来的保护色。在所有斑马中，细纹斑马长得最大最美。成年细纹斑马的肩高 140～160 厘米，耳朵又圆又大，条纹细密且多。斑马身上有许多的条纹，每只的条纹都不一样。一般来说斑马是社会性动物，它们主要以群体生活为主；在那些群体中有规模大的，也有规模较小的，那些规模较小的群体由一只雄性斑马及若干只雌性组成，较大的则由几百只斑马组成。

斑马的类型多种多样，主要包括普通斑马、细纹斑马、狭纹斑马、山斑马等这些类型。普通斑马是分布范围最广的一种。它们有的分布在和山斑马、细纹斑马相同的地方。它们主要生活在水草丰盛的草原。它们常年基本上都生活在同一地区，往往只有在食物与水短缺时才会把家搬到别处。坦桑尼亚的塞伦盖蒂平原动物资源丰富，有时达成百上千只

※ 斑马

斑马与其他动物大群迁往新鲜的草地去。它们常与牛羚、狷羚、长角羚等其他食草动物一同吃草。一群斑马一般是由一只公马及其家族组成。在母马发情时，公马会占据一片地盘，不准外来动物入侵，但发情期过后它们又会随其他斑马群混在一起。有人曾探讨斑马的条纹到底是怎样的呢？它到底是长着黑条纹的白马还是长着白条纹的黑马，这个问题一直困扰着人们，没人能说得清楚，因为人们经常把颜色最多的看做底色，而斑马的黑白条纹面积差不多，最后在有科学家的努力下得出了答案，科学家是通过

这样一种方法得出的，他们把斑马的毛全部剃掉，发现剃掉后的皮全是黑色的，因此斑马是长着白条纹的黑马这一结论。

斑马和普通的马基本上相似，它们在演化趋势上也基本上相同，它们的体型由小变大，门齿变宽，食性从以森林中的嫩叶到最后的以草为主。它们的眼前的颜面部伸长，脑增大并伸向趋同化等。

◎生活环境

斑马主要分布在非洲东部、中部和南部，它们经常生活在平原和草原上，但是不同的是山斑马主要生活在多山地区。斑马是群居性动物，它们通常是 10～12 只一起，也有时跟其他动物群，如牛羚乃至鸵鸟混合在一起。老年雄性斑马偶然单独活动。它们跑得很快，每小时可达 64 千米，斑马经常喝水，很少到远离水源的地方去。它们就是在没有食物的时候，但是它们看上去仍是又肥壮皮毛又有光泽的，这也是它们的一个特点。斑马都对普通非洲疾病有抵抗力，而马却没有。所以一些国家和私立机构曾试图驯化斑马并将其与马杂交配种。山斑马主要生活在多山和起伏不平的山岳地带；普通斑马主要生活在平原草原；而细纹斑马主要生活在炎热、干燥的半荒漠地区，但是野草焦枯的平原也有它们的足迹。它们非常谨慎，一般结成小群游荡，经常遭到狮子的捕食。

◎生活特点和行为

斑马是一种高度社群性的动物，不同的种类有着不同的社会结构。平原斑马和山斑马有"家庭"结构，每"家"有 1 只雄性斑马，最多 6 只的雌性斑马及它们的子女。而一些尚未交配的雄性斑马则会自己单独生活，或是跟其他雄性一起生活，直至它们有能力去挑战有"家室"的雄性斑马。成年雄性斑马喜欢独居，而未成年斑马就会跟它们的母亲生活在一起。它们和平原斑马及山斑马一样，在没有交配的雄性斑马会跟其他雄性一起生活，关系常常不固定。

◎斑马的繁殖

雌性斑马比雄性成熟的早，这一点和其他的动物是一样的。它们三岁时就能够生殖，而雄性到五六岁才有繁殖的能力。跟马一样，斑马出世不久就可以起立、行走及哺乳。斑马在刚出世时斑纹是棕色及白色的，随着年龄的增长，就会成为黑底白间。幼年的山斑马及平原斑马在它们的母亲及其他成年斑马的保护下成长。

因为斑马是珍奇的观赏动物，人们为得其皮和肉大量捕杀，其中拟斑马已于 1872 年绝迹，山斑马也濒临灭绝。虽然现在还未被列入保护动物，但偷猎者的猎杀使它们越来越少。

◎斑纹

在雌斑马的妊娠早期，在它的胚胎之中一个固定的、间隔相同的条纹形式就有了。在胚胎发育的过程中，由于身体各部位发育的情况有异，一般幼仔出生后，各部位也就形成了宽窄不同的条纹了。由于斑马的纹理也不是完全相同的，它们根据条纹的不同可以识别到其斑马的身份。斑纹也有吸引异性关注的作用，另外受过伤的斑马的纹理可能会有点乱，在它们择偶时可以参考配偶的斑纹以判断对方的健康情况。斑马颈部的较宽条纹，决定了必须在胚胎发育的第七个星期，颈部伸长之前就行成；近鼻孔处的条绞很细，所以这个部位最早的条纹形式必须在胚胎发育的第五个星期，鼻子扩大之前确定；臀部的条纹最宽，说明臀部与身体的其余部分是成比例发展的。黑白色的条纹还可调节身体的温度，形成自然的空调系统，因为白色可反光、降温，黑色可吸光、升温。斑马的头、颈、前半身的斑纹也是竖直的，但是斑纹在后半身及脚的部分是横纹。

◎联系

斑马是通过什么样的方式联系的呢？耳朵能够表达它们的心情，耳朵直起时，代表它们心情平静、紧张或温和友善。受到惊吓时耳朵会向前，生气时则向后。在观察周围是否有天敌时，耳朵会直起，它们通过眼睛转动进行观察，紧张时鼻就会喷气。另外，它们大声地吠叫，就说明了附近有天敌。

▶知 识 窗

报纸不用胶水、胶布等具有黏性的东西能贴在墙上不掉吗？

答案是：能。为什么会这样呢？可以把报纸展开，并把报纸平铺在墙上，然后用铅笔的侧面迅速地在报纸上摩擦几下后，报纸就像粘在墙上一样掉不下来了。这是因为摩擦铅笔使报纸带了电。所以，报纸就不会掉下来了。

拓展思考

1. 斑马和普通马有什么区别？
2. 斑马和其他的动物在社会行为方面有哪些不同？

鸵鸟
Tuo Niao

◎ 形态特征

    鸵鸟有几种，常见的有：蓝颈鸵鸟、红颈鸵鸟和非洲黑鸵鸟。鸵鸟是现存最大的一种不能飞的鸟。鸵鸟头小、宽而扁平，颈长而灵活，它裸露的头部、颈部以及腿部通常呈淡粉红色；喙直而短，尖端为扁圆状；眼大，它和鸟类特征相似，它也有很好的视力，具有很粗的黑色睫毛。雄鸟可以高达 2.5 米，最大体重可达 155 千克，雌鸟较小，两翼退化，龙骨突不发达，不会飞，但善跑（时速可达 65 千米/时），足有二趾。雄鸟黑色，尾羽白色，是非常有价值的装饰羽毛。它们常常是在雄鸟的带领下和几只雌鸟过群居生活，非洲沙漠地带和荒漠草原是它们的主要生活地。

    它们有坚硬的爪，外趾无爪。后肢强而有力，除用于疾跑外，还可用以攻击。鸵鸟羽毛蓬松而不发达，缺少分化，羽枝上无小钩，因而不形成羽片，很明显，它们的这种羽毛可以保温。

    雄性鸵鸟有交配器，在交配季节，成熟雄鸟的睾丸有人的拳头般大小，但在非繁殖期又会萎缩，直到下一个繁殖季才又会膨大。

◎ 生活习性

    它们一般 5～50 只左右一起过着游牧般的群居生活，美丽的动物常伴随它们左右，像斑马、羚羊。鸵鸟可以很长时间不喝水，可以借助摄取植物中的水分来生活。然而，它们是非常喜欢水的，常常洗澡。

    鸵鸟是一个很成功的采食者，因为它们常常能采集到那些在沙漠中稀少而分散的食物，这主要是它们开阔的步伐、长而灵活的颈子以及准确的啄食本领的原因。鸵鸟啄食时，先将食物聚集于食道上方，形成一个食球后，再缓慢地经过颈部食道将其吞下。一般鸵鸟啄食时都是低下头部，所以它们在觅食时要不时抬起头来四处张望，来逃避掠食者的攻击。

◎其他

鸵鸟一般在 2 岁到 4 岁达到性成熟，雄鸵鸟要比雌鸵鸟晚六个月，每年的三四月份到九月它们进行交配。交配过程很特别，由一群雌鸵鸟进行打斗，根据胜利的顺序排定与雄鸵鸟的交配顺序。鸵鸟蛋是现在世界上最大的鸟蛋，一般达 1.3 千克，但其实鸵鸟蛋相对鸵鸟的身体而言比例是所有鸟中最小的。雌鸟下蛋的鸟巢中可以容纳 15 个～60 个这样大小的蛋。这些蛋的颜色一般是光亮的白色，通常雌鸟在白天孵化，雄鸟在晚上孵化。它们的孕期一般为 35～45 天。

南非蓝颈鸵鸟最初生活在南非，它的特点是头顶有羽毛，雄鸟颈部蓝灰色，跗跖红色，无裸冠斑，尾羽棕黄色，通常将喙抬得较高。蓝颈鸵鸟原产地是索马里、埃塞俄比亚、肯尼亚，头顶无羽毛，雄鸟颈部分布有一较宽的白色颈环，身体羽毛是黑白分明的两色，但是雌鸟主要是灰色的。非洲黑鸵鸟体型较小、腿短、颈短、体躯丰厚，性情温驯，羽毛密集，分布均匀，羽小枝较长，看上去非常漂亮，便于饲养管理。其产蛋性能优于蓝颈和红颈鸵鸟，一般 4～5 岁的雌鸟年均产蛋 100 枚，优秀者可达 150 枚。颈鸵鸟繁殖季节变为红色。腿部亮粉红色，尾羽污白色，略带褐色或红色，在颈部大约 1/3 处沿着黑色体羽替代裸皮处有一小圈白色羽毛。很少有人饲养红颈鸵鸟，它们对导入血液提高非洲黑鸵鸟的生长速度以及增大体型有着非常有利的一面。

每百克鸵鸟肉的胆固醇含量是牛肉的 1/6，是鸡肉的 1/18。脂肪含量是牛肉的 1/3，是鸡肉的 1/6。钙含量是牛肉的 3 倍，是鸡肉的 7 倍。铁含量是牛肉的 5 倍，是鸡肉的 7 倍。锌含量是牛肉的 3 倍，是鸡肉的 6 倍。鸵鸟成鸟的羽毛，尤其是翅膀末端的白羽，质地高雅绚烂，是制造华丽的羽饰品的最好材料。欧洲的上流社会，最初就用鸵鸟羽毛戴在头上来装饰，它们也常被缝在衣裙上，作为装饰用品，还有就是美国拉斯维加斯的歌舞剧女郎的羽毛装饰也是用鸵鸟羽毛来装饰的。

鸵鸟蛋是一种营养极高的鸟蛋，煮熟后，蛋白晶莹剔透，口感滑嫩有弹性，鸵鸟蛋做成的冰淇淋也非常可口。蛋壳是不可多得的工艺品之天然材质，可雕刻或绘画成各种精巧、高贵的装饰摆设工艺品。有一种说法叫做"鸵鸟心理"是指鸵鸟把头深深的埋进土里，不敢面对危险，所以人们就把那些遇到危险只想逃避的人的行为叫做鸵鸟行为。但是事实上这是没有科学依据的。

鸵鸟羽毛是一种不带静电的羽毛，其抗静电的特性已应用在电脑、电子产品的工厂里。鸵鸟长到 6 个月就可以拔毛，以后每隔 9 个月拔 1 次，每只可年产羽毛 1 千克。另外，鸵鸟油是生产高级化妆护肤用品的原料，据研究发现，鸵鸟的药用价值是非常多的，像鸵鸟角膜、内脏、鸵鸟鞭、鸵鸟骨等都具有医用和药用价值，相信人类会进一步开发利用的。

·用牙膏涂抹葡萄会有什么情况·

吃葡萄时，先拿剪刀减到根蒂部分，使其保留完整颗粒，并浸泡稀释过的盐水中，达到消菌的效果，然后，可挤些牙膏放于手中，并把葡萄置于手掌间，轻加搓揉，过清水之后，便能完全晶莹剔透，吃起来更安心！

| 拓展思考 |

1. 鸵鸟的生活习性是怎样的？
2. 鸵鸟的羽毛有什么作用？

QINGSHAONIANYINGGAIZHIDAODESHENGWUBAIKEZHISHI

青少年应该知道的生物百科知识

动物的语言

Dong Wu De Yu Yan

人类有语言，人类通过语言进行交流，表达自己的观点。或许我们一说到语言大部分人都认为：语言就是人类的有声语言，认为动物没有我们这样的有声语言。其实不然，动物也有着自己的语言。它们不光有声音语言，还有许多无声的语言，例如美妙的舞姿、绚丽的色彩和芬芳的气味，甚至连超声波也被用来作为一种特殊的语言。

动物的语言有以下几种类别，主要有声音语言，气味语言，行为语言，色彩语言，超声语言。实际上，动物的语言的能力是很强的，像猿类是通过不同叫声来告诉同类天敌来犯。经过一定的训练，大猩猩可以自己学会组词，向人类索要巧克力，并能通过特制键盘与我们在网上聊天。动物界中也有撒谎、欺骗的行为，甚至有的聪明者还会声东击西。这些看似天方夜谭，实则告诉我们，动物和人类一样是有语言和意识的。海豚的超声语言是一种很复杂的动物语言。有趣的是，它们也能交流情况，进行讨论，最后再确定大计方针。1962 年，有人曾记录了一群海豚遇到障碍物时的情景：先是一只海豚"挺身而出"，侦察了一番；然后其他海豚听到侦察报告后，便展开了热烈的讨论；半小时后，意见统一了——障碍物中没有危险，不必担忧，于是它们就穿游了过去。现在人们已听懂了海豚的呼救信号：开始声调很高，而后渐渐下降。当海豚因受伤不能升向水面进行呼吸时，就发出这种尖叫声，召唤近处的伙伴火速前来营救。有人从这些海豚的语言中受到了启发，相信人类可以直接用海豚的语言，向海豚发号施令，让它们携带仪器潜入大海深处进行勘察，也可以让它们完成某些特殊的使命，这样人类征服海洋就更容易了。

孔雀的漂亮而且被世人称赞，是因为它们的华艳夺目的羽毛。雄孔雀之所以常在春末夏初开屏，是因为它没有清甜动听的歌喉，只好凭着一身艳丽的羽毛，尤其是那迷人的尾羽来向它的"对象"炫耀雄姿美态。迄今为止，人类所知道的，不仅是鸟类善于运用色彩语言，而且那些爬行类、鱼类、两栖类，甚至连蜻蜓、蝴蝶和墨鱼也都能充分利用色彩进行交流。还有一些动物是通过动作来联络的。我国的海滩上生活有一种小蟹，但是雄的却只有一只大螯，当它们高举这只大螯，频频挥动时就是它们在寻求配偶,当看到雌蟹走来时,挥舞大螯的这种动作就更加起劲了,这样的动作一直到雌蟹伴随着一同回穴才会停止。还有一种鹿是靠尾巴报信的。尾巴垂下不动时就说明了平安无事,当它们处于警戒状态时,就会把尾巴半抬起来,尾巴一旦完全竖直,就是它们发现有危险。

蜜蜂的运动语言应该说是动物语言史上最迷人的一项奇迹了,它通过独特的舞蹈动作向自己的伙伴说明蜜源的方向和距离。一定时间内完成的舞蹈次数不一样,说明了蜜源的距离不同。有人因此提出了一个诱人的设想:派人造的电子蜂打入蜜蜂之中。人类可以指挥蜜蜂活动。在这样的情况下,人可以获得所需要的蜂蜜,并且还可以帮助植物传粉,进而提高农作物的产量,这真是一箭双雕的好事。

动物还有自己的通讯方式,任何生物都不可能脱离自然界而孤立地生活的,因此它们总是组成一个小的生活群体,就是那些喜欢独来独往的动物,它们在交配时也是和异性接触生活在一起的,它们的鸣叫,彼此间互相的触摸,甚至一些化学物质的释放,使得它们声息相通,行动一致,无论是在捕食活动中,还是在对配偶的争夺上都井然有序。这些都是与动物之间存在的通讯行为分不开的。

在大自然中,用声音作为通信工具的动物是很多的。许多鸟都有清甜多变的歌喉,它们是出色的歌唱家。据说全世界的鸟类语言共有两三千种之多,和人类语言的种类不相上下。动物的声音语言丰富多彩,所代表的含义也是不同的。比如,长尾鼠在发现地面上的强敌——狐狸和狼时,会发出一连串的声音;如果威胁来自空中,它的声音便单调而冗长;一旦空中飞贼已降临地面,它就每隔8秒钟发一次警报。还有母鸡可以变化出七种不同的声音,这七种声音都是向它的伙伴来报警的,它的同伴们听到后就会了解到来犯者是谁,它们来自何方,离这儿有多远。

▶知 识 窗

夏季来临,天气越来越热,空调室内的温度最适宜在多少度?

空调室内温差不宜超过5℃,即使天气再热,空调室内温度也不宜到24℃以下。

| 拓展思考 |

1. 动物有哪些语言?

2. 动物的语言有哪些特点?

动物的社会行为
Dong Wu De She Hui Xing Wei

社会行为就是群居在一起的动物，相互影响，相互作用的种种表现形式。群居性的动物合作是非常好的，它们经常协同作战、共同捕猎。团结就是力量在它们身上得到了最好的体现。然而，群居在一起的生活方式让这些动物在食物资源、空间资源乃至配偶资源上都要进行剧烈的竞争，难免产生纠纷，甚至血腥争斗。对于如何趋利避害、保证种群的延续壮大，动物们自有它们的一套行为准则。那些具有社会行为的动物，并不是简单意义上的同种生物的许多个体只是聚集在一起，它们是彼此分工合作、进行交流、共同维持群体生活的一种群体。社会行为对动物的生存有着重要的意义。如许多弱小的动物和性情温和的草食动物都是过集群生活的，像蜜蜂、蚂蚁、野牛、羚羊等都是这种生活的典型代表。集群生活一般更有利于获得食物和防御敌害，物种的繁衍也有了很大的保证。

动物的社会行为的特征是，群体内部形成一定的组织，并且在这个组织内有明确的分工，但是有的群体还有明显的等级制度。在猴子的国度里，猴王是权力的象征，猴王最大的特征就是往上翘S形的尾巴，这代表了它高高在上的地位，用尾巴来做权力的拐杖。理毛是猴群间成员的社交行为，根据地位的高低来确定所享有的理毛时间的长短。

人们还是不能弄清楚，狒狒的善于交际对自己的家族或遗传基因的兴旺具体能起什么作用。却有数据说明了狒狒之间的交流，有助于相互间梳理皮毛和降低心率跳动次数，也就是说缓和心绪，而且能促使脑内物质的内啡肽（与镇痛有关的内源性吗啡样物质之一）分泌加快，以消除紧张心绪。心理学家曾以之前的观察资料为基础，经过研究发现，雄狒狒在遇到危险时，不是以同样威吓的方式来攻击对方，就是逃之夭夭，而雌狒狒面临危险时，会向伙伴们发出求救信号。近来，有关雌狒狒这一临危处置方式的研究成果在《科学》杂志上也有发表。

自然界中的狒狒一般都好斗，由于它们对外比较团结，自然界唯一敢于和狮子作战的动物就是狒狒了。通常3～5只狒狒和一只狮子搏杀是没有问题的。作风十分果敢、顽强，所以一般动物园的说明文字一般都亲切地称狒狒为：勇敢的小战士！在这个社群动物里面，我们经常能看到动物会有的欺软怕硬、恃强凌弱的这些现象。比如像螃蟹栖息地，特别是在海滩上，早上太阳刚出的时候，你可以搬个凳子在海边耐心地等着它。螃蟹一起出动了以后，你就看那大螃蟹出来以后，是8只爪子把自己的肚子撑起来，肚子是离开地面的，挥舞着大钳，横行霸道。那么比它小的弱者，见了它以后，就得把8只爪子平铺在地，把腹部贴在地上，老老实实做出了一种臣服的样子。它不敢挺起肚子，是因为它怕挨打。即使张牙舞爪的螃蟹，一旦遇到更大的螃蟹，它也得乖乖地把腹部贴到地面去，同时把爪子和两只大钳收下来。如果它们要是不认识对方，对方有多厉害它无从知晓，这时它也可能会挺起肚子，挥舞着钳，进行交战。这样打下去，其中一只螃蟹钳子就有可能被揪了下来。

还有些动物群体生活和独自个体生活是不一样的，比如，单匹狼碰到野猪逃还来不及呢，怎么还会去攻击？但如果是一群狼，就什么都不怕了，这就是群体觅食的好处，这样很容易觅到食。

▶ 知 识 窗

·夏天擦拭凉席时怎样使它保持干净，清香·

夏天擦拭凉席，用滴加了花露水的清水擦拭凉席，可使凉席保持清爽洁净。当然，擦拭时最好沿着凉席纹路进行，以便花露水渗透到凉席的纹路缝隙，这样清凉舒适的感觉会更持久；

| 拓展思考 |

1. 动物的社会行为有什么特点？
2. 蜜蜂是通过什么方式来传递信息的？

青少年应该知道的生物百科知识

微
生
物

　　微生物是用肉眼看不到的一种生物，一般来说，它们个体微小、结构简单。微生物是一个广泛的概念，包括细菌、古菌、微藻、原生动物等。通常要用光学显微镜和电子显微镜才能看清楚的生物，统称为微生物。微生物包括细菌、病毒、霉菌、酵母菌等。但有些微生物是肉眼可以看见的，像属于真菌的蘑菇、灵芝等，当然了，微生物和生物一样，也有动物、植物的代表。比如，细菌属于原核生物，微藻是植物，而原生动物也可以说是属于动物。简单地说，微生物就是一个生命群体，它低级但是却又有基本的生命活动现象。

微生物的分类

Wei Sheng Wu De Fen Lei

微生物的范围很广，它包括细菌、病毒、真菌以及一些小型的原生动物、显微藻类等在内的一大类生物群体，它虽然个体微小，但是与人类的生活关系是非常紧密的。它既有有益的种类也有有害的种类，它和众多的领域密切相关，这些领域有健康、食品、医药、工农业、环保等。

微生物在自然界的作用很重要，它能够分解纤维素等物质，并促进资源的再生利用。对这些微生物开展的基因组研究，在深入了解特殊代谢过程的遗传背景的前提下，有选择性地加以利用，例如找到不同污染物降解的关键基因，将其在某一菌株中组合，构建高效能的基因工程菌株，一菌多用，可在不同程度上分解不同的环境污染物质，它对改善环境、排除污染的作用是非常有意义的。美国基因组研究所对微生物进行了研究，这一研究是在结合生物芯片方法的特殊条件下完成的，他们是为了找到其降解有机物的关键基因，进一步开发及利用确定目标。极端环境微生物基因组

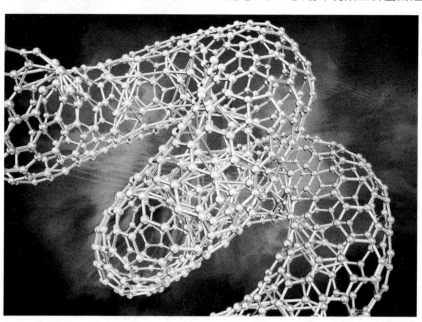

※ 微生物

研究深入认识生命本质应用潜力极大。极端微生物就是在极端环境下能够生长的微生物，它又叫做嗜极菌。同样的，嗜极菌在极端环境下也具有很强的适应性，极端微生物基因组的研究对从分子水平研究极限条件下微生物的适应性有非常重要的意义，同时对生命本质的认识也有了更一步地加深。

◎ 真菌

微生物中的真菌既没有叶绿体，也没有质体，它具有细胞壁和细胞质，有的是无色的，有的是有色的。菌丝可无限生长，但直径是有限的，一般为2～30微米，最大的可达100微米，无隔菌丝就是低等真菌的菌丝没有隔膜，而有隔菌丝就是高等真菌的菌丝有各种真菌许多隔膜。此外，少数真菌的营养体不是丝状体。而是无细胞壁且形状可变的原质团或具细胞壁的、卵圆形的单细胞。而有些真菌菌丝或孢子中的某些细胞膨大变圆、原生质浓缩、细胞壁加厚而形成厚垣孢子。它具有抵抗不良环境的作用，等到条件适宜的时候，菌丝就会再次萌发。

◎ 细菌

生物的主要类群之一也可以说是微生物中的细菌，土壤和水中的细菌是最多的，它也常常与其他生物共生。同时人体身上也存在很多细菌。有估计显示，人体内及表皮上的细菌细胞总数相当于人体细胞总数的十倍之多。此外，也有部分种类分布在极端的环境中，例如温泉，甚至是放射性废弃物中，它们被归类为嗜极生物，科学家在意大利的一座海底火山中发现了一种海栖热袍，这种细菌是目前已知最小的细菌，它只有0.2微米长，因此它们很多只能在显微镜下才能看到。细菌一般是单细胞，细胞结构简单，缺乏细胞核、细胞骨架以及膜状胞器，例如粒线体和叶绿体。基于这些特征，细菌属于原核生物。古细菌是原核生物中的另一类生物，它是在科学家根据其演化关系而产生的一种类别。为了有别于其他，本类生物也被叫做真细菌。

◎ 显微藻类

显微藻类特指小型的低等植物藻类，之前，加拿大和印度的科学家发现了石油藻类能解决全球能源危机的方法，这一发现曾令人非常惊奇。一种微小的单细胞藻类，例如，以复杂和优美造型著称的花边硅藻。一些地质学家认为，在世界许多地方的原油来自硅藻，这种物质很特别，它体内

第六章 微生物
WEISHENGWU

的一种油性物质，大小却仅相当于我们头发直径的 1/3，它们经常在海洋和其他水源进行大量繁殖，一旦完成生活周期后，就会漂到海底，石油沉积物就这样形成了。据推测表明，若要以英亩计算，10～200 倍的油料种子一般和硅藻产油能力相当，科学家们都想利用生化工程以及以太阳能电池板的办法来改变硅藻基因生物学，从中获得石油硅藻，使硅藻能够活跃分泌石油产品，可持续能源的供应有了保证。

▶ 知 识 窗

·什么是厄尔尼诺现象·

在热带太平洋海区，一般情况下，由于受寒流的影响，东部地区的表层海水温度较低。可是有的年份，太平洋东部海区表层海水温度异常增温，这种现象称为厄尔尼诺现象。厄尔尼诺现象是一种综合性现象，当它发生时，赤道带大范围海区与大气相互作用失去平衡，从而形成一系列的反常现象，如信风本来由东向西吹，可是当厄尔尼诺现象发生时，风向突然变为向东吹，使得本来位于太平洋西部的暖流位置向东移动，从而影响太平洋东岸海洋生态，如水温升高，大量鱼类死亡的一种现象。

拓展思考

1. 微生物和生物的区别是什么？
2. 细菌属于生物吗？

青少年应该知道的生物百科知识

微生物—— 细菌

Wei Sheng Wu—— Xi Jun

细菌的主要构成部分是细胞膜、细胞质、核质体等，有的细菌比较特殊，它们有荚膜、鞭毛、菌毛等特殊结构。大部分细菌的直径大小是 0.5～5 微米。依据细菌的形状可把它分为球菌、杆菌和螺形菌三类。按细菌的生活方式分为两大类：自养菌和异养菌，其中异养菌包括腐生菌和寄生菌。按细菌对氧气的需求分为需氧（完全需氧和微需氧）和厌氧（不完全厌氧、有氧耐受和完全厌氧）细菌。细菌还有一种分法，就是根据细菌的生存温度分为喜冷、常温和喜高温三类。

由于细菌是一种单细胞生物体，因此生物学家把它看做"裂殖菌类"。细菌细胞的细胞壁和普通植物细胞的细胞壁很相似，但是它没有叶绿素。因此，细菌往往与其他缺乏叶绿素的植物结成团块，并被看作"真菌"。因为细菌特别小而区别于其他植物细胞。实际上，细菌也包括存在着的最小的细胞。但要说明的是，细菌并没有明显的核，却有分散在整个细胞内的核物质。因此，细菌有时与称为"蓝绿藻"的简单植物细胞结成团块，蓝绿藻也有分散的核物质，但它还有叶绿素。人们越来越经常地把细菌和其他大一些的单细胞生物归在一起，因而让它们成为了既不属于植物界也不属于动物界的一类生物，它们是生命的第三界——"原生物界"的重要组成。

细菌是荷兰人列文·虎克于 17 世纪通过研究自己制造了世界上第一台显微镜，他就是用这台显微镜观察到了细胞和细菌存在的第一人。虽然列文·虎当时发现了细菌，但是人们还是不知道细菌怎么来的，都不敢确定究竟是怎么回事，只能勉强地说成是自然形成的。

细菌具有细胞壁、细胞膜、细胞质，却没有成形细胞核、叶绿体。它和有遗传物质——DNA 的特点很相似。细菌因为特别小而区别于其他植物细胞。事实上，最小的细胞也可以看成细菌。此外，细菌没有明显的核，而具有分散在整个细胞内的核物质。有些细菌是"病原的"细菌，其含义是致病的细菌。有一点是要说清楚的，有的多数类型的细菌并不是致病的，相反，它们有时是非常有用。

根据细菌不同的方式，细菌的分类也是多种多样的。细菌具有不同的形状。在这些类型中要数细菌杆菌是棒状；球菌是球形（例如链球菌或葡萄球菌）；螺旋菌是螺旋形和另一细菌类弧菌是最常见的，弧菌呈逗号形。细菌的结构十分简单，原核生物，没有膜结构的细胞器，例如线粒体和叶绿体，但是有细胞壁。细菌按细胞壁的组成成分可以分为革兰氏阳性菌和革兰氏阴性菌，统称为"革兰氏"。

细菌的营养方式是异养的营养方式，而异养就是说它不能自己获得有机物，要通过获得外界的有机物才能生存下去。异养有腐生和寄生两种方式。为什么说细菌是异养的生活方式呢？因为细菌没有叶绿体，不能进行光合作用，只能靠获取有机物来生活。和异养相对应的是自养，植物是自养的生活方式，因为植物细胞里有叶绿体，能进行光合作用。

细菌的繁殖方式是怎样的呢？它是通过分裂生殖或者形成休眠体芽苞，然后再通过芽苞这一过程形成的，细菌非常小，大约 10 个细菌才有一颗小米那么大。光合自养菌包括蓝细菌（蓝藻），它是已知的最古老的生物，可能在制造地球大气的氧气中起了重要作用。其他的光合细菌进行一些不制造氧气的过程。像绿硫细菌，绿非硫细菌，紫硫细菌，紫非硫细菌和太阳杆菌都是不制造氧气的。

细菌的作用可以看成是一分为二的，它对环境、人类和动物既有好处又有危害。例如，一些细菌成为病原体，导致了破伤风、伤寒、肺炎、梅毒、霍乱和肺结核。在植物中，细菌导致叶斑病、火疫病和萎蔫。感染方式包括接触、空气传播、食物、水和带菌微生物。病原体可以用抗生素处理，抗生素分为杀菌型和抑菌型。运动型细菌可以依靠鞭毛，细菌滑行或改变浮力来四处移动。另一类细菌，呈螺旋体，具有一些类似鞭毛的轴丝，连接周质的两细胞膜。当它们移动时，身体呈现扭曲的螺旋型。螺旋菌则不具轴丝，但其具有鞭毛。细菌鞭毛以不同方式排布。细菌一端可以有单独的极鞭毛，或者一丛鞭毛。周毛菌表面具有分散的鞭毛。把运动型细菌可以被特定刺激吸引或驱逐的行为叫做趋性，例如，趋化性，趋光性，趋机械性。还有一种特殊的细菌，粘细菌，它的个体细菌互相吸引，聚集成团，进而形成子实体。

有些细菌仅仅在产生外毒素时才是对人类有害的，但从某种方面说，它们就是在自身生病时才会产生外毒素。例如，白喉杆菌和白喉链球菌只有在受到噬菌体侵袭时才产生毒素；为毒素的产生提供密码的是病毒，未受感染的细菌是没有获得密码通知的。依据是否需要氧气，细菌又可以分为需氧菌、厌氧菌及兼性厌氧菌三种。生长在口腔浅表区域的细菌一般是需氧菌，生长在龋洞深部及牙周袋中的一般是厌氧菌，其他的则为兼性厌氧菌。人体口腔中微生物的种类及数量会因为以下这些因素而发生不同的变化，这些因素有牙列的出现、牙齿丧失、人造托牙的使用、饮食类型、患者的口腔卫生状况以及机体的健康状况等。

　　一般情况下，细菌是在植物通过光合作用形成碳水化合物，再将其输送到根部，由根系传到土壤中的这种情况下进行生活的。同时它们是相交换的，细菌能提供植物生长所必需的磷元素。有趣的是，由于植物的地下根系发达，周围的细菌也多，会形成一个公平的"交易市场"。如果有"吝啬"的细菌不提供足够的磷元素，植物的根系会远离这些"奸商"，另寻"出价"更高的细菌。反之，如果有的植物根系提供较多的碳水化合物，细菌相应提供的磷元素也就更多。来自一个叫作"生物沉降"的新兴科学研究领域的科学家们发现：云团中存在各种细菌、真菌、硅藻以及海藻类物质，它们都可以引发降水。"生物沉降"研究领域的微生物学家说，人们刚开始认为形成雨雪的主要因素是矿物质，实际上生物微粒比矿物质活跃；经研究，有时候云团中水的温度要比矿物质形成降水凝结核所需的温度要低，这种情况下生物微粒其实才是真正引起"沉降"的诱因。细菌有一个生长曲线，它包括调整期、稳定期、对数期、衰亡期。稳定期又叫迟缓期，细菌接种至培养基后，对新环境有一个短暂适应过程（不适应者可因转种而死亡）。此期曲线平坦稳定，因为细菌繁殖极少。迟缓期长短因素种、接种菌量、菌龄以及营养物质等不同而异，一般为 1～4 小时。在这一过程中，细菌体积会增大，代谢活跃，可以为细菌的分裂增殖合成、储备充足的酶、能量及中间代谢产物提供了条件。

▶ 知识窗

· 买回家的鲜花怎样保鲜？·

　　可以通过以下几种方式来延长其寿命：清水中加几滴白醋或漂白水，花枝底部再修剪一下，即可使花朵延长寿命，还可以通过往养花儿的水中加入雪碧，但只能加入雪碧，不能加入其他汽水。另外还可以把花底部用刀切成斜面。

拓展思考

　　1. 细菌都是有害的吗？

　　2. 细菌和真菌有哪些区别？

显微藻类

Xian Wei Zao Lei

显微藻类是藻类的一种，它是一种小型的藻类低等植物。所以它具有藻类的特征，形体小，构造简单。没有根茎叶分化，仅有单细胞个体或单细胞组成的群体或多细胞丝状体或叶状体（如衣藻、团藻、海带）。生活于水中或潮湿环境中。大多数的显微藻类是自营植物，它们含有能进行光合作用的叶绿素和其他色素。由于各种藻类植物细胞内含叶绿素的成分和比例不同使植物体呈现不同的颜色，如含墨角藻黄素的呈褐色（海带），含藻红素的呈红色，含叶绿素的呈绿色（小球藻等）。藻兰素多的呈绿色（念珠藻）。生殖器官多数为单细胞，无胚形成。虽然有些高等藻类的生殖器官是多细胞的，但每个细胞都直接参加生殖，形成孢子或配子。藻类都能进行光能无机营养。大多藻类的细胞内都有光合色素，有些藻类群还具有特殊的色素，这些色素也多是绿色的，它们的质体叫做色素体或载色体。藻类的营养方式也是多种多样的。例如，有些低等的单细胞藻类，在一定的条件下也能进行有机光能营养、无机化能营养或有机化能营养。但多数藻类有着和高等植物一样的特征，那就是它们能在光照条件下合成有机物质，来进行无机光能营养。

藻类植物是一群没有根、茎、叶分化的，同时能进行光合作用的低等自养植物。藻类植物的形态结构有很大的差别，藻类植物的体型很不一样，有的只有几微米的大小，这样的只能借助显微镜才能看到，而大的体长可达 60 米。藻类的生殖器官大多数是由单细胞构成的。高等植物产生孢子的孢子囊或产生配子的精子器和藏卵器一般都是由多细胞构成的。例如，苔藓植物和蕨类植物在产生卵细胞的颈卵器和精子的精子器的外面都有一层不育细胞构成的壁。除个别的藻类植物，大多数藻类都有单细胞构成的生殖器。营养繁殖、无性生殖和有性生殖三种是藻类植物的繁殖方式；同时有性生殖又分为同配生殖、异配生殖、卵式生殖以及接合生殖。

藻类的种类很多，据研究，现在所了解的种类就有 3 万种左右。早期的植物学家多将藻类和菌类纳入一个门，即藻菌植物门。随着人们对藻类植物认识的不断深入，特别是从巴暗的平行进化学说发表以后，认为藻类不是一个自然分类群，并根据它们营养细胞中色素的成分和含量及其同化产物、运动细胞的鞭毛以及生殖方法等分为若干个独立的门。对于藻类的分门，也有很大的分歧，而在我国多将藻类分为12个门。藻类在自然界中分布很广，它们主要在水中（淡水或海水）生活。它们还生活在潮湿的岩石上、墙壁和树干上、土壤表面和下层。在水中生活的藻类，有的浮游于水中，也有的固着于水中岩石上或附着于其他植物体上。藻类植物对环境的适应性特别强，在营养贫乏，光照强度微弱的环境中它们照样生长，当发生地震、火山爆发、洪水泛滥后形成的新鲜无机质上，它们是第一个踏入这些地方的植物，是新生活区的领头植物。有些海藻可以在100米深的海底生活，有些藻类能在零下数十度的南北极或终年积雪的高山上生长，有些蓝藻能在高达85℃的温泉中生活。有的藻类能与真菌共生形成共生复合体（地衣）。

众所周知，井水一般清澈透明，而池塘里的水经常混浊不堪且呈绿色，有时还呈现锈色乃至淡红，海水也常常这样，这就是藻类植物存在的原因。自然界几乎到处都有藻类植物的分布，大部分是水生，只有很小的一部分是气生（水生藻，气生藻）。还有的生活在动植物体内或与真菌共生。

▶ 知 识 窗

· 煎荷包蛋有什么小巧门吗？·

要想煎好荷包蛋也不是轻而易举的事，最重要的一步就是先找一个厚底的平地锅，如果用平地锅来煎，一点也不会煎杂，因为这种锅最容易煎荷包蛋了。最值得一提的是在煎后可以再放一些生酱油，味道鲜美无比。

┃拓展思考┃

1. 藻类植物有什么特点？
2. 藻类植物是低等植物吗？

海藻

Hai Zao

海藻是一种生长在海中的藻类，它是植物界的隐花植物，藻类有数种不同类以光合作用产生能量的生物。人们把它们看做是简单的植物，主要特征为：无维管束组织，没有真正根、茎、叶的分化现象；不开花，无果实和种子；生殖器官无特化的保护组织，常直接由单一细胞产生孢子或配子；无胚胎的形成。因为藻类的结构简单，所以有的植物学家将它和菌类都看做是低等植物的"叶状体植物群"。

海藻有大叶海藻和小叶海藻之分，大叶海藻的主干是圆柱状的，具圆锥形突起，主枝自主干两侧生出，侧枝自主枝叶腋生出，具短小的刺状突起。初生叶披针形或倒卵形，长 5～7 厘米，宽约 1 厘米，全缘或具粗锯齿；次生叶条形或披针形，叶腋间有着生条状叶的小枝。小叶海藻又分为墨角藻属、巨藻属、海囊藻属和海带属等类群，而且它们只有在 18℃ 以下才能进行繁殖，因此它们只在冷水水域生长。

有的海藻藻体是不完全浸没在水中的，这样的藻类也非常多，例如，气生藻类的藻体的一部分或全部直接暴露在大气中；还有土壤藻类是生长在土壤表面或土表以下。就藻类与其他生物生长的关系来说，有附着在动、植物体表生活的附生藻类；也有生长在动物或植物体内的内生藻类；还有的和其他生物营共生生活的共生藻类。藻类虽无花、果、种子等构造来繁衍后代，却有各式各样的生殖方式来适应环境。在无性生殖方面，有些细胞可以直接一分为二，如水绵，可以断成数段，每段再各自成长为独立个体；有些藻体可以产生许多有鞭毛的孢子，这些孢子可自由游动，在每一孢子成熟后就又会长成为一新的个体；有些藻类在环境不良的情况下可产生厚壁的休眠孢子，环境一旦适宜，新的个体就再度萌生。在有性生殖方面，有些藻类可产生雌、雄配子，经由交配后才长成新的个体。海藻的一生就是无性生殖与有性生殖常有规则地交替进行的一个复杂的生活史。如我们常吃的紫菜、海带，其生活史具有孢子体及配子体不同生长形态，它们的孢子体行无性生殖产生孢子，配子体就会产生雌、雄配子，进行有性生殖，把这种不同生活形态交替进行的生活史叫做"世代交替"

海藻中还有一种叫做海草的藻类植物，海草是一类生活在温带海域沿岸浅水中的单子叶草本植物。海草有发育良好的根状茎（水平方向的茎），叶片柔软、呈带状，花生于叶丛的基部，花蕊高出花瓣，所有这些都是为了适应水生生活环境。现在，中国分布有 15 种海草，它们分布广泛，种类多种多样，化学组成与陆地植物相差甚远，个体差异较大。主要经济藻类：红藻、褐藻、绿藻、盐藻、螺旋藻等。我国可利用的经济藻类还有很多，像海带、裙带菜、条斑紫菜、羊栖菜、江蓠、坛紫菜、麒麟菜都是。

※ 海草

海草场的腐殖质不仅多，而且浮游生物都很丰富，它们为幼小的鱼虾等海洋动物的繁生场所提供了有利的条件，对某些海鸟的栖息也很有利。大叶藻和虾形藻等干草，是良好的隔音材料和保温材料。陆地上的植物有树木花草，它们构成大片森林、草原或花园绿地。海洋里的植物都称为海草，有的海草非常小，必须用显微镜放大几十倍、几百倍才能看见。它们是由单细胞或一串细胞所构成的，海草有不同颜色的枝叶，它们的枝叶有利于它们在水中漂浮。单细胞海草的生长和繁殖速度都非常快，一天能成长许多倍。尽管它们不断地被各种鱼虾所吞食，但它们的队伍仍然很庞大。

它们只生活在没有浸没的透光带，浅滩与隐匿海岸比较多，能一直生长在沙滩或是泥沙底部不改变。它们只有在完成全部的水下生命周期后才会接受授粉。全世界的这类植物约有 60 种（尽管在分类学上仍是有争议的），目前已知中国海约有 20 种，实际种类可能会有所增加。20 世纪早期，海草曾为法国所用，并在海峡群岛小规模的做成床垫（草褥）的形状充填物，且在第一次世界大战期间，由于法国部队的缘故而有很高的供需。目前，海草多用于家具，还有如同藤茎一样在纺织生产中也广泛应用。

海草是一种海洋动物的食物，有些海洋动物是以食草为主的，还有的是靠吃"食草"动物来维持生命的，因此可以说，海洋中的动物都是离不开海草的。海草和陆上的植物一样，阳光是生存的必需条件。海洋绿色植物在它的生命过程中，从海水中吸收养料，在太阳光的照射下，通过光合作用，合成有机物质（糖、淀粉等），以满足海洋植物生活的需要。阳光是进行光合作用的必要条件。阳光只能透入海水表层，这就是海草仅能生活在浅海中或大洋的表层的原因，海边及水深几十米以内的海底生活着大量的海草。

▶ 知识窗

·冬季室内干燥，怎样增加室内湿度·

一般在冬季时，室内都比较干燥，那样对人们的健康非长不利，怎样保持室内的湿度呢？可以在室内放一个加湿器，但加湿器只能增加一时的湿度，并不能一直保持室内湿度，因此最好的方法就是在室内放一些植物，比如我们熟悉的绿萝、富贵竹等都是最好的选择。此外，水养植物也是不错的选择，还可以在水养植物中放一些金鱼，这样不仅能增加室内的香气，同时还可以增加美观。

| 拓展思考 |

1. 海藻有哪些种类？
2. 海藻主要生活在哪里？

青少年应该知道的生物百科知识

石耳

Shi Er

石耳又叫做岩耳，石耳属地衣植物门植物，由于它的形似耳，并生长在悬崖峭壁阴湿石缝中而得名，它体扁平，呈不规则的圆形，上面褐色，背面被黑色绒毛。石耳含有高蛋白和多种微量元素，是营养价值较高的滋补食品，是一种稀有的名贵植物。黄山的石耳素有"黄山三石"之一的美称。在我国南方、西南及陕南山区均有分布，是著名的"庐山三石"之一（另二石为石鸡、石鱼）。

它的裂片边缘呈浅撕裂状，上表面是褐色，很光滑，局部粗糙无光泽，或局部斑点脱落而露白色髓层；下表面棕黑色至黑色，具细颗粒状突起，密生黑色粗短而具分叉的假根，中央脐部青灰色至黑色，直径5～12毫米，有时它自脐部向四周呈放射的脉络，并且很明显。

※ 石耳

生物学上所说的特性石耳是一种腐生性中温型真菌。菌丝在6℃～36℃均可生长，但22℃～32℃是最适宜的；15℃～27℃都可分化出子实体，但以20℃～24℃最适宜。菌丝在含水量60%～70%的栽培料及段木中均可生长，子实体形成时要求耳木含水量达70%以上，空气的相对湿度为90%～95%。菌丝在黑暗中能正常生长，为好气性真菌，pH值为5～5.6时最适宜。石耳的生长速度也是非常的缓慢，3年才长一个疤，要长成铜钱大需要5年的时间，长成巴掌大要需要30年。现在通过一些专家的鉴定，它除了是一种很好的补品以外，还有预防食道癌、肠癌之功能，既然它是一种补品，对于女人来说，在养颜抗衰方面有一定的效果。它的生长到采摘是一个不仅很复杂而且又危险的过程，因为它有很好的滋补效果，也无任何污染，因此它的市场价值很高。尽管采摘有危险但也有人以采摘石耳为生。

石耳的人工培植：在石耳枝条菌种插入接种孔后用锤敲紧，并且使之与段木表面平贴、无孔隙。首先应上堆发菌，将接菌的耳木按"井"字形或"山"字形堆垛。堆内温度以20℃～28℃为宜，相对湿度保持在80%左右。在南方3～4个星期，北方需要4～5个星期，当菌丝已伸延到木质部并产生少量耳芽时，应及时散堆排场。平铺式排场是最常用的，可以用枕木将耳木的一端或两端架起，整齐地排列在栽培场上，1个月左右后就能起架。搭架一般采用"人"字形方法，先埋两根有杈的木桩，地面留出70厘米高，杈日上横放一根横木，耳木斜立在横木两侧。呈"人"字形，相距7厘米，角度约45°为宜，晴天或新耳木角度可大些，雨天或隔年耳木角度应小些。起架阶段栽培场的温、湿、光、通气条件必须调节好，管理重点是水分问题。在起架后隔天有一场小雨是比较好的，而且半月有一场中、大雨，干旱时应进行人工喷水来调节干湿，一般早晨和傍晚进行喷水。

由于石耳中含有高蛋白和多种微量元素，是一种营养价值较高的滋补食品，而且是一种稀有的名贵山珍，一般人群均可食用石耳。尤适宜肺热咳嗽、肺燥干咳、胃肠有热、便秘下血、头晕耳鸣、月经不调、冠心病、高血压等均有良好的食疗效果。对身体虚弱、病后体弱的滋补效果最佳。

石耳食疗作用：石耳性平、味甘，具有清肺热、养胃阴、滋肾水、益气活血、补脑强心的功效，对肺热咳嗽、肺燥干咳、胃肠有热、便秘下血、头晕耳鸣、月经不调、冠心病、高血压等均有良好的食疗效果，并且对身体虚弱、病后体弱的滋补效果也是最好的。

石耳在徽州山区有分布，它是一种附在岩石上的地衣类植物，富含多种维生素，营养价值非常高，古人有说石耳的句子"作羹饷客，最为珍品"。母鸡的营养价值也很高，鸡肉含丰富的蛋白质，有健脾开胃、补虚损、壮盘骨之功效。石耳与鸡同炖，堪称营养佳品之巧配，甚为珍贵。此菜鸡肉酥烂，汤汁鲜美，特别芳香，是炖菜珍品。它是在国家级风景名胜九华山的一道名菜。

▶ **知 识 窗**

·正确使用吸尘器的方法·

使用前，应首先将软管与外壳吸入口连接妥当，软管与各段超长接管以及接管末端的吸嘴要旋紧接牢，例如家具刷、缝隙吸嘴、地板刷等。因缝隙吸嘴进风口较少，使用时噪音较高，连续使用时间不应过长。平时使用应注意不要使吸尘器沾水，湿手不能操作机器。若被清洁的地方有大的纸片、纸团、塑料布或大于吸管口径的东西，应事先排除它们，否则易造成吸口管道堵塞。吸尘器使用完毕后，应放在干燥地方保存，若放在过分潮湿的地方会影响使用寿命。

|拓展思考|

1. 石耳是海藻类植物吗？
2. 石耳有哪些营养价值？

地衣菜
Di Yi Cai

◎生长环境

　　地衣菜也就是地耳菜，它是长在山上石头地上的一种野菜，以前人们经常在下连阴雨后才去采它，它的颜色，看上去像紫菜，一般很少，它也具有很高的营养价值。地耳菜，又名地耳、地衣、地木耳、地软、地皮菜等。是真菌和藻类的结合体，一般生长在阴暗潮湿的地方，暗黑色，有点像泡软的黑木耳。它富含多种营养成分，且味道清香柔润，含有海味，可食可药，既可炒食又可做汤，为上等佳品。地耳菜为土壤气生藻，紧贴地面生长，爬附于荒地、岩石周围的土表、草丛之中。外形很像木耳，呈波浪形片状，藻体富含胶质。当晴天气候干燥时，藻休失水干缩，呈茶褐色或近黑色片状；雨天或湿度大时，藻体吸水膨胀，粘滑，肉质呈橄榄色片状。地衣是真菌和光合生物之间稳定而又互利的联合体，真菌是主要成员。还有一种说法，说它是一类专化性的特殊真菌，在菌丝的包围下，与以水为还原剂的低等光合生物共生，并不同程度地形成多种特殊的原始生物体。

　　地耳菜是一种土壤气生藻，它紧贴地面生长，在荒地、岩石周围的土表、草丛之中均有它的分布。从外形上看像木耳，呈波浪形片状，藻体富含胶质。当晴天气候干燥时，藻体失水干缩，呈茶褐色或近黑色片状；雨天或湿度大时，藻体吸水膨胀，粘滑，肉质呈橄榄色片状。采收与加工地耳菜的片状较小，爬附地表且生长分散，常与杂草、杂物纠缠在一起，因而采收十分困难。但其一年四季均可采收，尤以春季3～5月、秋季9～10月为最佳采收期。气温在20℃－28℃、空气湿度大、阴天或雨后时，采收地耳菜是最好的。此时，光线柔和，加上地耳菜吸水发潮、个体膨大，生长处于旺盛期，韧性好，不易破碎，采收较为容易。但需注意，雨后要等地表干燥方可采收，否则因其含水过多、易粘土，而影响质量。采收的方法以手捡为好，不宜扫取。从野外采回的地耳菜混有大量的杂物如泥土、杂草等，俗称"毛菜"，必须经过加工。加工一般有摊晾、漂洗、干燥、分级、包装等工序。摊晾时要将采收的地耳菜及时摊开，并尽量摊薄，以防增温烧坏。漂洗则要彻底清洗掉附着在地耳菜胶体上面的杂物和泥土，然后晒干或烘干。晾干后的地耳菜，根据片状大小进行分级、包装后就可以上市；若数量较多，最好存放在干燥通风的库房之中，等待着上市。

◎营养

地衣菜是一种营养价值很丰富的野生美味。它含蛋白质、糖类、矿物质、维生素、蓝藻素及钙、磷、铁等各种营养成分。地衣菜不仅有丰富的营养，还有药用作用，以色列魏茨曼研究的科学家研究发现，地衣菜所含的一种成分可以抑制人大脑中的乙酰胆碱酯酶的活性，从而能对老年痴呆症产生疗效。地衣菜做的汤，吃上去特别美味，同时它还可凉拌或炖烧，是一种寒性食品。

人们常用其做包子馅，还有的拌合面粉制成糕团吃，或者是在煮粥时当作配料加进去。地衣菜整体入药，味淡性凉，入脾肺经。有祛热、收敛、益气、清补、明目等功效。治火眼夜盲、烫伤烧伤、肺热咳嗽和久痢脱肛。它富含铜，是人体健康不可缺少的微量营养素，对于血液、中枢神经和免疫系统，头发、皮肤和骨骼组织以及脑子和肝、心等内脏的发育和功能有重要作用。

※ 地衣菜

地衣菜具有清热明目的功效，对目赤红肿，夜盲，久痢等病症有特殊疗效。例如：地耳 200 克，猪肉 150 克，姜、葱各适量。将地耳去杂洗净，猪肉洗净切片；锅烧热，投入猪肉片煸炒至水干，加入姜、葱、料酒、酱油煸炒，至肉熟透，再入精盐、白糖烧片刻，放入地耳和适量水，烧至人味，投少许味精即成。这道菜具有补中益气的功效，对治疗体倦乏力，脱肛，阴虚干咳，便秘等病症有重要的作用。

▶ 知识窗

·吃苹果的速度·

苹果中含有丰富的维生素和酸类物质，新西兰食品专家指出，如果吃苹果速度太慢，会让你胃部分泌大量胃酸，与果酸共同作用，造成消化不良！因此苹果一定在 15 分钟内吃完！

| 拓展思考 |

1. 地衣菜的形状是什么样子？
2. 地衣菜有哪些营养价值？

微生物肥料

Wei Sheng Wu Fei Liao

◎微生物肥料的特点

微生物肥料是一类含有活微生物的特定制品，它常常被应用于农业生产中，能够获得特定的肥料效应。在这种特定的肥料效应中，制品中活微生物起关键作用。主要有根瘤菌剂、固氮菌剂、磷细菌剂、抗生菌剂、复合菌剂等。微生物肥料是活体肥料，它含有的大量有益微生物是发挥它的作用的最好的利器。只有在这些有益微生物处于旺盛的繁殖和新陈代谢下，物质转化和有益代谢产物才会不断形成。微生物肥料不仅可以降低不合理使用化肥造成的水体污染，而且对于发展生态农业和保护环境有着非同寻常的意义。

微生物肥料是一种无毒无害、不污染环境的肥料。微生物肥料通过特定微生物的生命活力能增加植物的营养或产生植物生长激素，促进植物生长。随着人民生活水平的不断提高，尤其是人们对生活质量提高的要求，现在世界各地都通过积极发展绿色农业（生态有机农业）来生产安全、无公害的绿色食品。生产绿色食品过程中要求不用或尽量少用（或限量使用）化学肥料、化学农药和其他化学物质。它要求肥料必须首先保护和促进施用对象生长和提高品质；其次不造成施用对象产生和积累有害物质；最后对生态环境不会产生不良影响。微生物肥料一般符合以上三原则。

◎使用方法

微生物肥料对追肥有特别的效果，以淋根的方式来施用，与化肥交替使用更好。使用时根据不同的作物和作物的不同时期使用用量，像香蕉，根据苗的大小，每株的施用量为 0.5～2.5 毫升，配水量可根据土壤的干湿程度来定，一般配水量为 400～600 倍；最好在雨后或灌溉后施用，肥料用前要充分摇匀，现配现用；存放时间超过有效期的微生物肥料不宜使用。由于技术水平的限制，现在我国绝大多数微生物肥料的有效菌成活时间超过一年的不多，因此必须在有效期前使用，越早越好，过期的微生物肥料一定会影响到作物的生长。

微生物肥料之所以能有效预防干旱，是因为它是利用从作物根部筛选出来的解钾能力很强的硅酸盐细菌，采用特定的培养基，经工业发酵研制而成。在土壤中通过其生命活动，增加植物营养元素的供应量，刺激作物生长，抑制有害微生物活动，有较强的增产效果。

播种前应将种子用清水或小米汤喷湿，拌入固态菌剂充分混匀，在所有种子外覆有一层固态生物肥料时就能播种了。

浸种：将固态菌剂浸泡1～2小时后，用浸出液浸种。微生物肥料要施入作物根正下方，不要离根太远，同时盖土，不要让阳光直射到菌肥上；微生物肥料主要用作基肥使用，不宜叶面喷施；微生物肥料的使用，不能代替化肥的使用。避免阳光直晒，防止紫外线杀死肥料中的微生物。产品贮存环境温度应以 15℃～28℃ 最佳，微生物能在适宜温度范围内生长繁殖。通过合理农业技术措施，改善土壤温度、湿度和酸碱度等环境条件，保持土壤良好的通气状态（即耕作层要求疏松、湿润），保证土壤中能源物质和营养供应这些条件，来促使有益微生物的大量繁殖的旺盛代谢，从而让它的良好增产增效的作用得到最有效的发挥。

◎存在的现状问题

微生物肥料普遍缺乏高效菌株，菌种资源缺乏的问题，很多厂家的菌种都在利用同一个菌株，肥料品种单一，形成了一个菌种打天下的局面；技术工艺落后。有些厂家认为只要有了微生物肥料菌种，有了相应的培养基就能够生产出微生物肥料，缺乏生产过程中的监控和检测手段，有的甚至还是小作坊式的生产方式。绝大多数生产企业本身不具备产品的技术创新能力，没有相应的研发人员，无法建立产品的质量保障体系。微生物肥料是以微生物的生命活动及其产物导致作物得到特定肥料效应的一种制品，是农业生产中使用肥料的一种。微生物肥料和化肥不同。有效地施用微生物肥料有许多优点，比如，对维持和培肥地力，提高化肥利用率，降低肥料施用成本，抑制农作物对硝态氮、重金属、农药的吸收，净化和修复土壤，减轻农作物病害发生，提高作物产量和农产品质量，加快作物秸秆、畜禽粪便和城镇垃圾腐熟，降低污染以及保护环境有着非常重要的作用。

市场上鱼目混珠和假冒伪劣一直存在。所以应建立完善的微生物肥料质量标准和管理体系。因此微生物肥料作为一种商品进入市场，必须接受质量监督和管理。农业部已颁布了微生物肥料产品质量标准，对微生物肥料的技术要求和检测方法提出了具体规定。微生物肥料质量管理标准少、覆盖面小等问题一直存在，许多微生物肥料产品没有可依据的行业标准，或是只注重了产品活菌数量等表观指标，忽略了肥效指标等，需要不断地完善；同时，许多企业没有完善产品标准或没有产品质量检验人员和必需的检验设备，产品未经检验就出厂。质量监督部门应在建立完善的微生物肥料质量监督检测体系，建立新的检测标准和与国际接轨的先进的检测方法，提高对新产品、新剂型的监测反应能力。

※ 微生物肥料

微生物肥料的使用比其他肥料更加严格，它需要一次性用完。施用时一般和有机肥料混合使用最好，虽然它是基肥的最好的肥料，但不适合叶面喷施。

▶知识窗

·怎样清除衣物上的小棉絮·

有些衣服容易粘上絮状物，看着不舒服，如果是黑衣服上粘上了白色絮状物，看上去就更明显了。要去除这些烦人的絮状物，有一个好办法：找一块海绵，浸水后拧干，在衣服表面轻轻擦拭，絮状物就可以被带走了。

|拓展思考|

1. 微生物肥料有哪些特点？

2. 微生物肥料有哪些用途？

青少年应该知道的生物百科知识